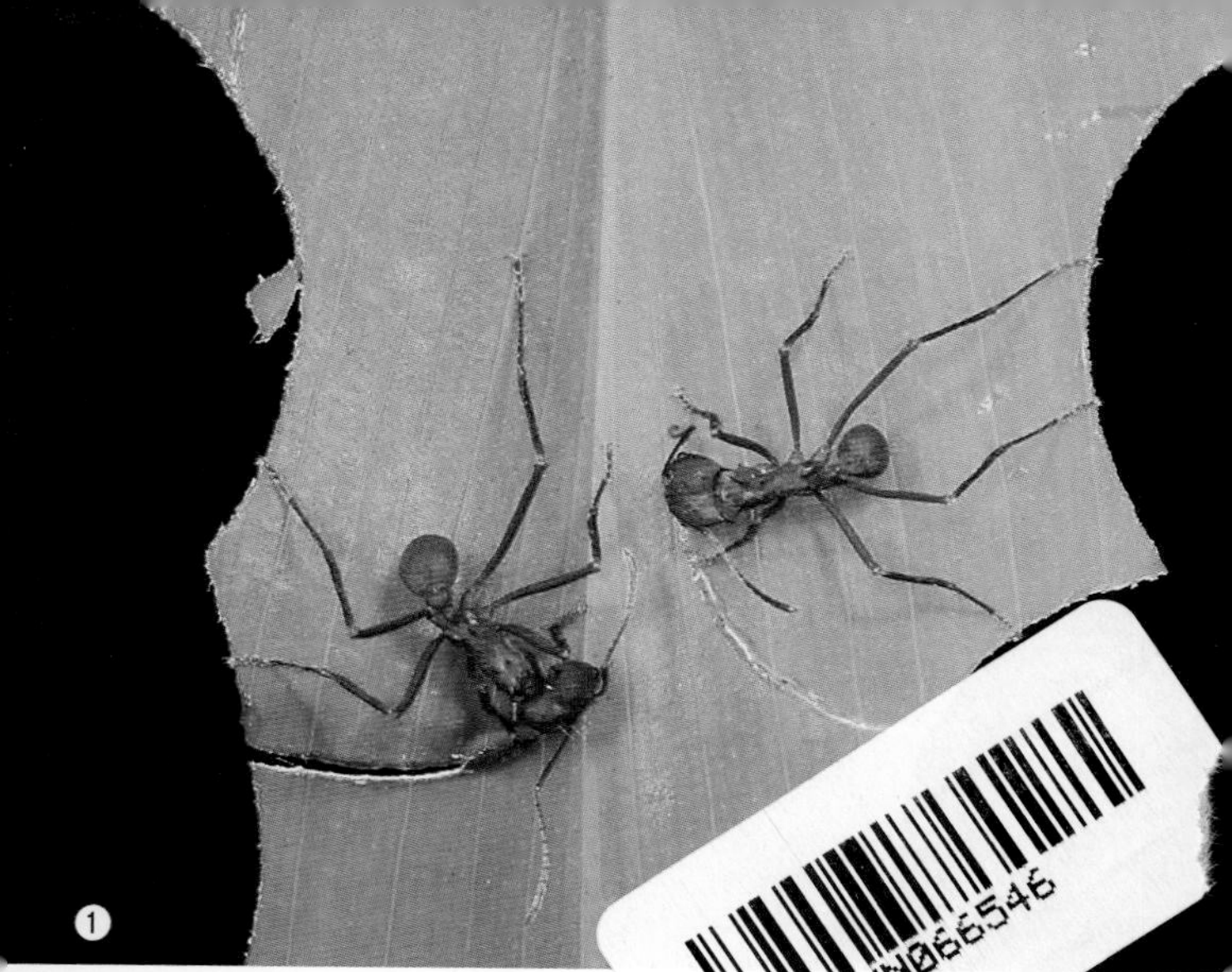

アリ。集めた
葉 キノコを育てるの
に葉 。③葉の上に乗って
いるア アリで、敵を追い払う役目
（写真提供 山口進氏）

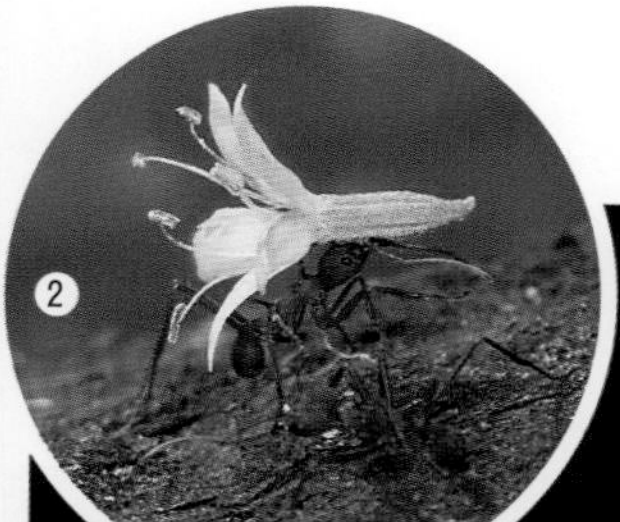

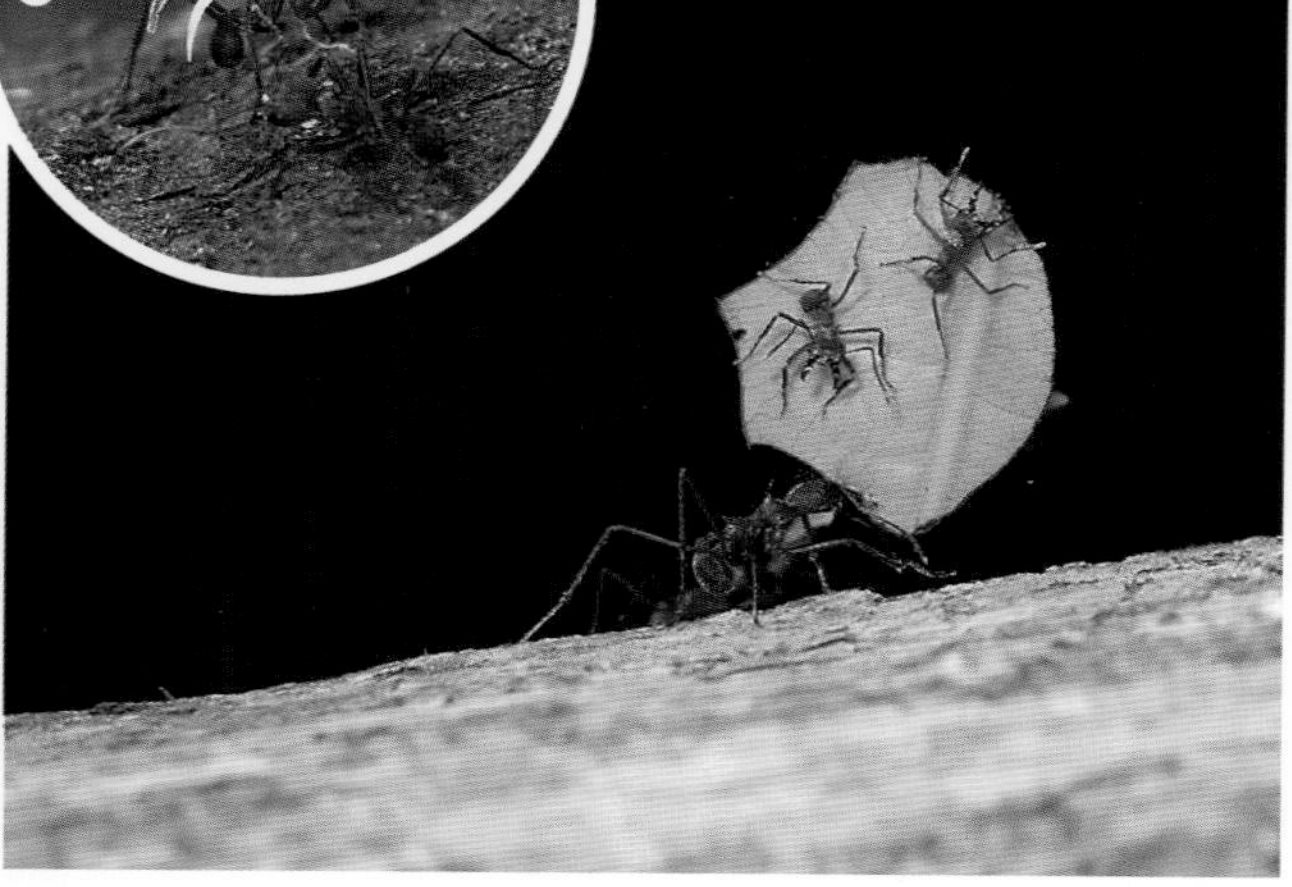

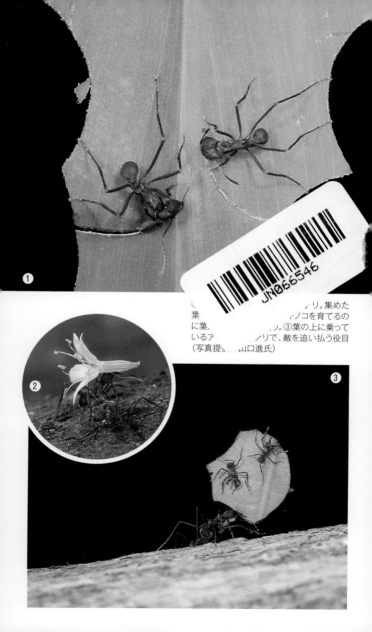

僕の大学の研究室で飼育しているハキリアリ。20ℓの水槽を三つつないだものが一つのコロニー。いちばん右の水槽では順調にキノコ畑（菌園）が大きくなっている

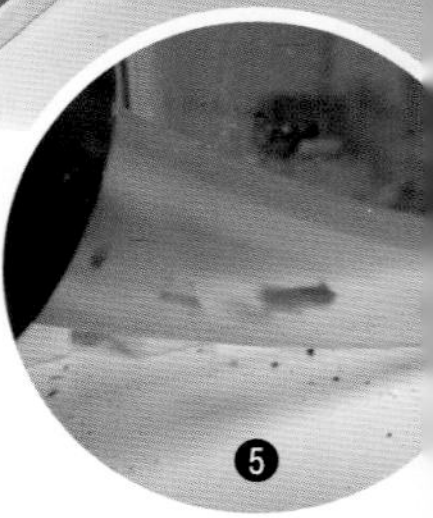

ホースの中を、葉っぱを運んでいるのが見える

真ん中の水槽はゴミ捨て場。傷んだ葉っぱや古くなったキノコ、仲間の死骸などを捨てている

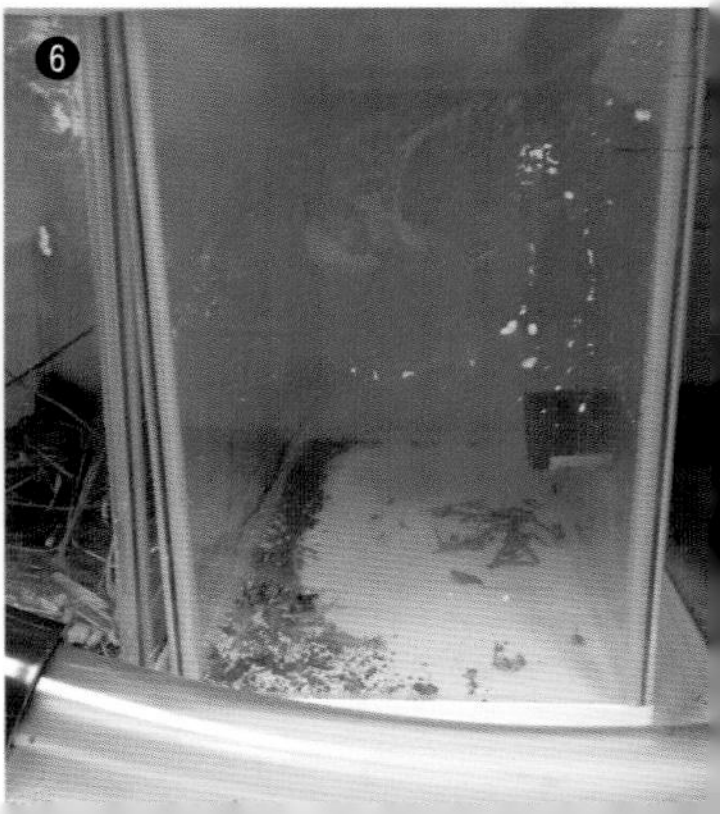

いちばん左の水槽は葉っぱやオーツ麦、昆虫ゼリーなどのエサを入れている。それぞれの水槽はホースでつないであるので、葉っぱを運ぶ様子などが観察できる

レースのように繊細でフワフワとしたハキリアリのキノコ畑。このキノコ(菌)は地球上でキノコアリの巣にしか存在しない

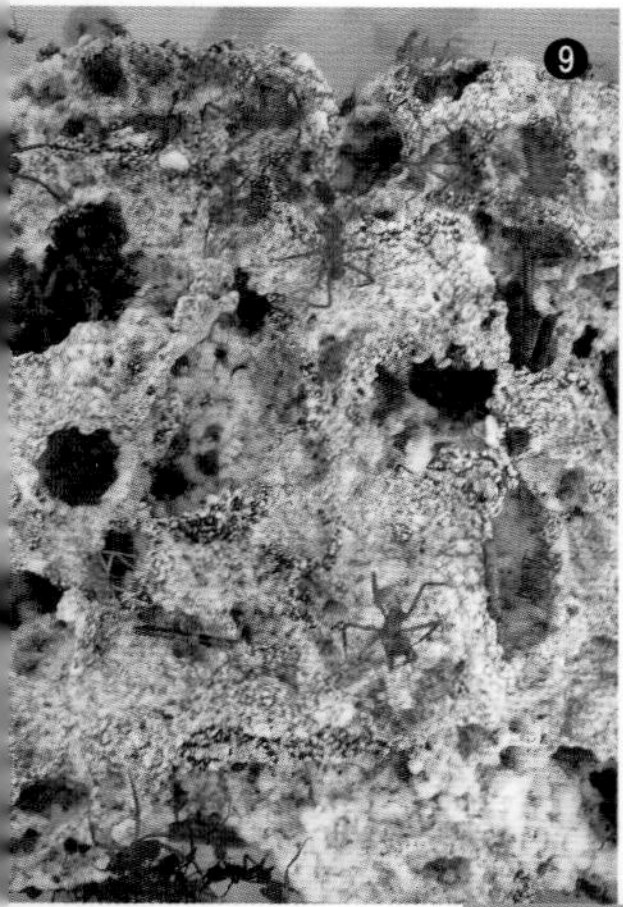

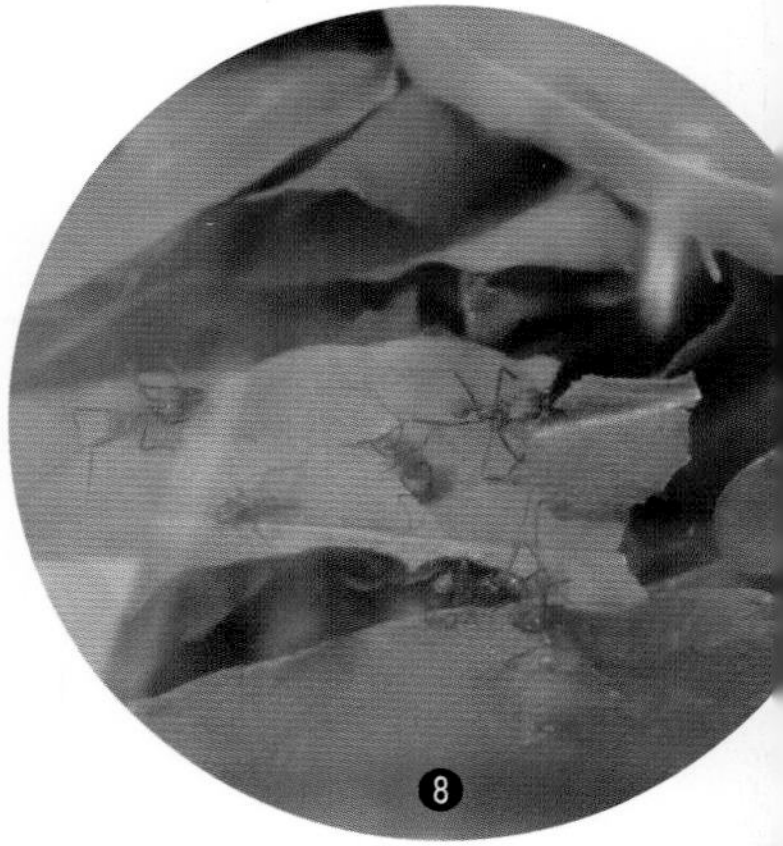

ハキリアリには毎日新鮮な葉をあげなくてはいけない。いっしょうけんめい切っている様子がかわいくて見飽きない

パナマのジャングルでフィールドワーク。多い日は1日12時間、10kgの荷物を背負って25㎞くらい歩き回る。そのためか安全靴の底が取れた

アルゼンチンでハキリアリのキノコ畑を味見。人間には、ただただカビ臭く、とてもまずいが、タンパク質、糖質、脂質が含まれた完全食

ハキリアリの女王アリ（上）と働きアリ。ハキリアリは体の大きさで仕事が決まっており、労働のレパートリーは30種を超える

ハキリアリの巣の様子。葉っぱはまだ緑色を保っている。白いかたまりがキノコ畑で、右側に巨大な女王アリがいる

ハキリアリのゴミ捨て場。左に逆U字に突き出ているのは木の根っこで、ハキリアリは根っこの上からゴミ捨て場にぽいっとゴミを捨てる

カドフシアリのコロニーに寄生する「アリノスササラダニ」。歩くこともせずカドフシアリにお世話をしてもらう
（写真提供／香川大学・伊藤文紀博士）

ハラクシケアリの巣でアリに擬態し、アリの幼虫を食べてしまうゴマシジミチョウの幼虫。
成虫になった瞬間に擬態がとけて、アリに襲われる（写真提供／国立環境研究所・坂本洋典氏）

クロトゲアリは、幼虫の首をキュッと噛み、幼虫が出す糸で巣を紡ぐ。真ん中にいるアリに抱えられているのが幼虫
（写真提供／須藤竜之介氏）

マレーシアに住むアリ、プロアッタが集めたアリの外骨格。巣の中にアリの頭部や腹部を保管し、巣の入り口周りに並べることもあるがその役割はわかっていない。

プロアッタの巣材の一部。ふかふかした素材で巣の壁が作られているようだ。タネの皮、土、朽木、アリの死骸などからできている
（⓲、⓳写真提供／AntRoom島田拓氏）

⑳

オーストラリアのプーチェラでアカツキアリを探しているときに出会った日の出

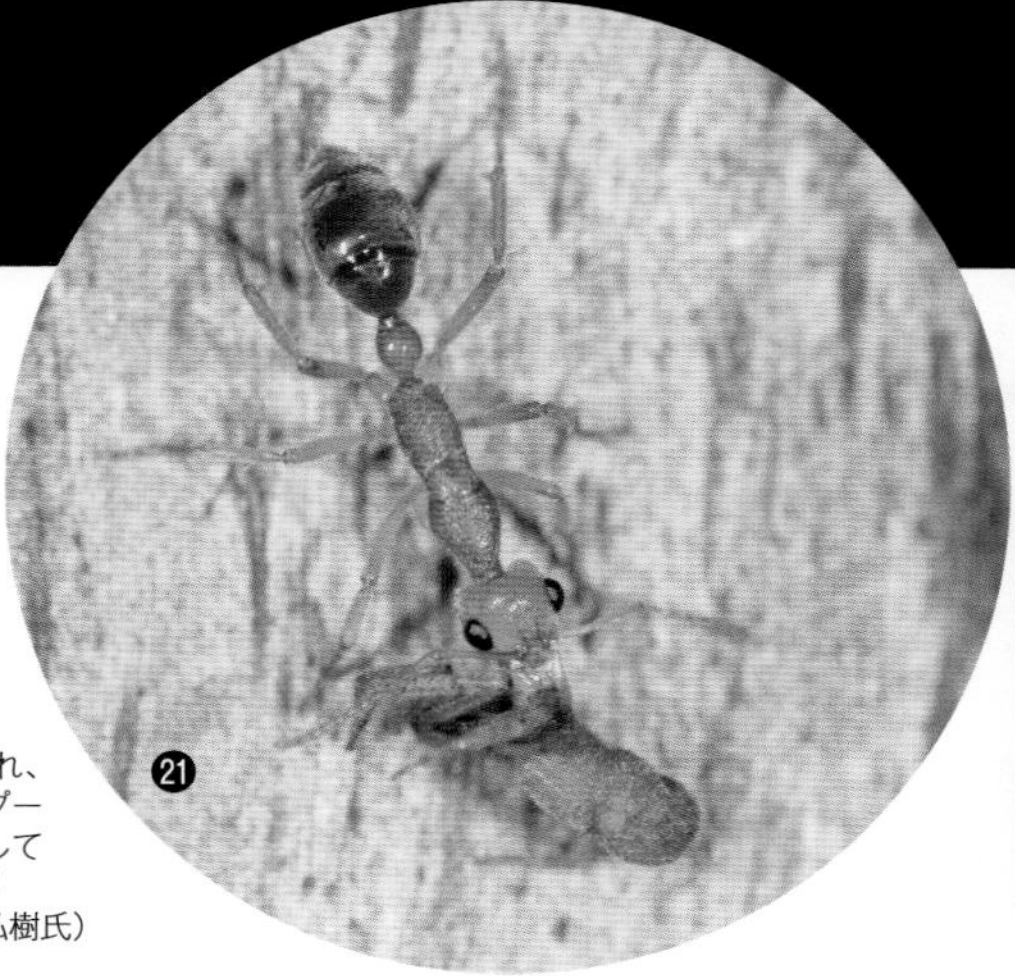

㉑

「幻のアリ」と言われ、オーストラリアのプーチェラにしか生息していないアカツキアリ（写真提供／宮田弘樹氏）

㉒

時速230㎞という速さでアゴをとじ、小昆虫をつかまえるアギトアリ。こやつに指を刺されて手が腫れ上がりひどい目に遭った（写真提供／宮田弘樹氏）

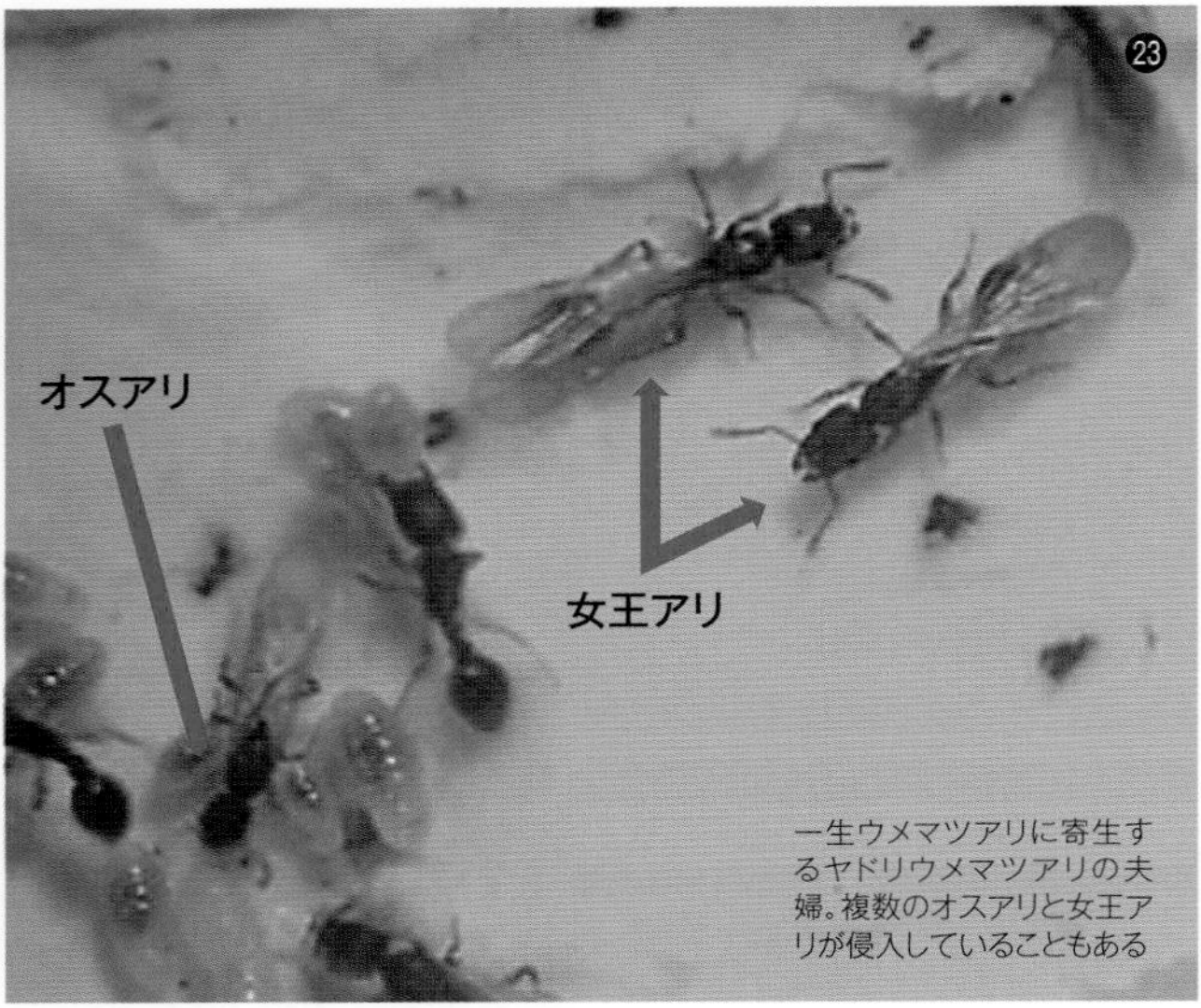

一生ウメマツアリに寄生するヤドリウメマツアリの夫婦。複数のオスアリと女王アリが侵入していることもある

宮崎県のエコパーク内でヤドリウメマツアリを探す。かなりの断崖絶壁である

働かないアリ 過労死するアリ

～ヒト社会が幸せになるヒント～

村上貴弘
MURAKAMI Takahiro

まえがき

ひょっとしてアリとしゃべれるんじゃないか

ザッシュザッシュ
あとちょっとだ。もうちょい、切れるぞ
もう少し、いける
ザシザシ
なんか、この子、怒ってるのかな?
おっ! 葉っぱが切れた
グアッシ

2023年4月、僕は研究室にいる「ハキリアリ」の巣を前に、脳内でアリたちに語りかけていた。いや、もしかしたら口に出していたかもしれない。

苦労してハキリアリを個人で輸入したこともあり、そして、ハキリアリが僕の研究室にいることがうれしすぎて、５分おきに巣を見に行ったり、「ちょっとだけ見る」つもりが1〜2時間たっていたりしていた。当然、まったく仕事にならない。ただでさえ滞りがちな大学の事務作業が溜《た》まりに溜まって、事務の方に「村上先生、アリばかり見てないでください」と叱られる。

でも、叱られて５分後にはまたハキリアリを眺める。子どもか！

ハキリアリは中南米を中心とした熱帯地域に生息するアリだ。その名前を知らなくても、葉っぱをヨットの帆のように立てて運ぶアリの画像はどこかで見たことがあるのではないかと思う。

僕がハキリアリを含むキノコアリの研究をはじめたのは１９９３年。大学院生の時だった。師匠の東正剛《ひがしせいごう》先生（現・北海道大学名誉教授）に連れられて行ったパナマのフィールドで、珍しいキノコアリに〝偶然〟出会ったのがきっかけだ。

キノコアリはキノコを育てる、「農業をするアリ」の仲間だ。なぜ、キノコを育てるようになったのか、どうやってキノコを育てているのか、その生態や行動、進化メカニズムを研究してきた。

そして2012年からは、ハキリアリの音声コミュニケーションの研究に夢中になっている。にわかには信じられないかもしれないけれど、アリはしゃべる。

キョキュキュキュ　キュッキュキュキュキュキュキュ
キュキュキュ　　キュキュキュ
キョキュキュキュキュ　キュッキュキュキュキュキュキュキュ
キュキュキュキュ　　キュキュキュキュ

初めて、パナマではっきりとアリの声を聞いた時の衝撃は今でも忘れられない。まさに「未知との遭遇」の体験だった。それが、ここ10年の研究のモチベーションにもなっている。

ハキリアリは、何をどうやってしゃべっているのか？
その音声によるコミュニケーションは進化や社会の複雑性とどうかかわっているのか？
ひょっとして……アリたちと、しゃべれるんじゃないか⁉

独自開発の高性能録音装置を携えパナマを訪れ、汗にまみれ、蚊やブヨに刺され、何kmも何十kmも歩きながら音声データを収集しまくった。集めたデータは、日本の研究室で、あるいは自室で解析し、研究を続けてきた。時に、アリ語で寝言を言うほど研究に追い詰められたこともある。

そうして論文にするデータも着実に集まってきた。あとはプレイバック実験でデータの信憑《しんぴょう》性をさらに高めていこう。そんな時、新型コロナウイルスの感染拡大が起こった。海外渡航が制限され、研究にブレーキがかかってしまったのだ。新たなる研究アイデアもあり、早く検証したい!という思いは募るばかり。だったらいっそ!と、ハキリアリを研究室に迎えることにしたのだ。

いろいろすったもんだがあったけれど(それについてはのちほど)、僕は「ハキリアリの巣をもっとも掘った日本人」「ヒアリにもっとも刺された日本人」に続き、「ハキリアリを初めて個人輸入した日本人」の称号(?)を手にすることとなった。

幸せそうなアリの巣の世界

ハキリアリだけでなく、アリの巣を見ていると時を忘れる。1個体1個体の行動が興味深いのもあるけれど、アリの巣を見ていると、みんなそれなりに安定していて、見ていて落ち着く。隣の働きアリと何やら触角でコツコツやっていたり、外から戻ってきたアリをみんなで寄ってたかってグルーミングしていたり、働きアリ同士で蜜を交換していたり、幼虫に食事を与えたり、みんなゆったりと余裕をもって生きている。

どれだけ、動きが敏捷《びんしょう》なアリでも、巣の中ではゆっくりと行動する。女王アリがいなくなったり、敵に襲われたりといった異常事態が起こらない限り、巣の中が騒然とすることはない。利他的行動がベースとなっているアリの巣の中は、基本、「平穏」なのだ。

野外では、少し神経質に行動することもあって、巣から離れれば離れるほど弱気になる。テリトリーの境界線では弱腰で、攻撃などはせず相手を威嚇《いかく》するにとどまることが多い。別の種類のアリが襲ってくることもないことはないが、それでも大抵の時間は平穏だ。

パナマの熱帯雨林では、ハキリアリは林床《りんしょう》を歩きながら新鮮な葉を集めに活動し、グンタイアリは食事場所やビバークポイントを探して高速で移動している。

当然、その行列が交わりそうになることもあるのだが、要所要所で、それぞれの兵隊アリが警戒態勢をとり、行列が真っ向から接することは注意深く回避される。どちらがどういうわけではなく、速やかに方向が修正され、互いに大規模な攻撃行動に移らないよう配慮している。ものすごいバランス感覚だ。

一方、2024年1月の人間社会はというと……個人レベルの小さな諍《いさか》いごとから国家間の紛争まで、「安定」とはほど遠い状態にある。「アリと比べたら、まったく……」と、ついついため息が出てしまう。

本書は2020年に出版された『アリ語で寝言を言いました』の続編である（前著を未読でも、本書を楽しめます）。前回、ご紹介しきれなかったハキリアリの音声コミュニケーションの研究のことや、僕の宇宙飛行士への挑戦、そして、「進化」についてなどを取り上げた。

しかし、いちばんの目的は前著同様、アリの面白さを多くの人に知ってもらうことだ。

再び、僕が愛してやまないアリの話をはじめたいと思う。

目次

第3章 利用するアリ 利用されるアリ……111

第4章

第5章 過労死するアリ　サボって長生きするアリ……201

第6章 アリ研究者、宇宙を目指す……225

第1章　過酷な環境　変わった習性

アリの世界にダイブ！

アリがこの地球に出現したのは約1億5000万年前。約5000万年前にはほぼ現存する属が出現し、その後さらに、多様な環境に適応する中でさまざまな種に分かれていった。現在、わかっているアリの種類は約1万5000種。僕が学生の頃、アリの種数は約9500種と言われていたから、この30年で5000種くらい増えたことになる。年間で150種以上、新種記載が増えているペースだ。

アリはほかの昆虫が到底、生きられないような場所にも適応している。特に熱帯域の調査はまだまだ進んでいないので、これからもっともっと新種は増えるだろう。アリの世界はまだまだわからないことだらけ。そんなアリの世界にダイブしてみよう。

まずは変わったところに住むトゲアリの話からはじめよう。

そもそもトゲアリというグループ自体、かなりユニークな習性を持ったものが多い。たとえば、沖縄に生息する「クロトゲアリ（Polyrhachis dives Smith）」は日本では珍しい幼虫の吐き出す糸を使って巣を紡《つむ》ぐアリだ。

東南アジアやオーストラリアなどに生息するツムギアリに似た習性を持つこのアリは、巣を作る際、働きアリがむんずと幼虫をつまみ上げ、キュッと甘嚙みすると、幼虫がびっくりして糸を吐き出す。それを使って、葉っぱを紡いで巣を作るのだ（巻頭写真⑰参照）。

また、オーストラリアに生息する「ラトルアント（*Polyrhachis australis*）」もトゲアリの一種だ。このアリは、カートン状の巣を樹上に作る。面白いことに敵から巣を攻撃されると働きアリは腹部を巣の壁面に打ち付けて「カタカタカタカタ！」と大きな音を出して威嚇する。２０１４年にオーストラリアのダーウィン南部でこのアリを見つけ、巣をちょっと触って確かめると「カタカタカタカタ！」と鳴るではないか！　実際に体験すると感動もひとしおだ。

さらに、日本に生息するトゲアリ（*Polyrhachis lamellidens* Smith）は、社会寄生というこれまた変わった習性を持っている。トゲアリの女王アリは交尾が終わると、コソコソッと宿主であるクロオオアリの巣に入り込み、働きアリに近づいて馬乗りになる。いったい何をしているかというと、匂いを擬態しているのだ。それを繰り返すうちにだんだんと宿主の匂いを身にまとうことができ、攻撃されなくなる。

そして巣の奥に進み、なんとクロオオアリの女王アリに襲いかかり殺してしまうのだ。しれっと女王の座を奪い取ると素知らぬ顔で卵を産み続ける。

女王が交代したことに気がつかないのか、騙《だま》されているのか、クロオオアリの働きアリは真面目に子どもを育てるが、それはまったく別種のアリの子どもたちだ。目を覚ませ！と言いたいところだが気がつくことはなく、徐々に巣はトゲアリの働きアリに乗っ取られていく。なかなか恐ろしい戦略を持つアリである。

ちなみに、僕が学生の頃は本州の雑木林を探せば、このトゲアリは比較的簡単に見つかったものだが、今では見つけることの難しい種になってしまっている。九州大学の敷地内にもいい森があるのだが、ここ10年間で一回もトゲアリを見つけられていない。

海に帰ったアリ

そんな変わったトゲアリの仲間で、とびっきり変なアリを紹介する。それは「ウミトゲアリ（*Polyrhachis sokolova* Forel）」だ。１９８０年代には記載されていたものの、その正確な生態が解明されたのは20世紀も末の１９９７年であった。オーストラリアの北東部に生息するこのアリ、名前のとおり海に住む。

そもそも昆虫は海の中で生きていけるのか?という疑問がある。アリだけではなく、すべての昆虫で完全なる海生のものは見つかっていない。ウミアメンボやウミユスリカ、そしてアザラシシラミなどはある期間海中で生活する。しかし生活史のすべてを海中で過ごす昆虫はそもそもいないのだ。

アザラシシラミは深海でも見つかるが、これはアザラシに寄生するからこそできる技で、卵や1齢幼虫は海中では生きていけない。4億5千万年前に海から陸に上がった昆虫たちが海に帰るのはやはり難しいのだ。

アリはどうだろうか? 一般的にアリの体表面や脚には細かい毛が生えていて、それにより表面張力が発生して、水の上を歩いたり、泳いだりすることができる。

この特性を緊急時に活用しているのがヒアリだ。ヒアリは、洪水で巣が流されると働きアリ同士が脚を引っかけ合ってイカダのような「ヒアリボート」を作り、卵や幼虫、蛹《さなぎ》、そして女王アリを乗せて濁流を下る。

しかし、これは泳いでいるわけではなく、ぷかぷかと浮きながら流されているだけ。流れに身を任せ、たどりついた先で驚異の大繁殖をするわけだが、新天地にたどり着いた頃には、スクラムを組んでイカダの基礎を支えていた個体は息絶えている。

アリの体には「気門」というくぼみがあり、そこで呼吸をしている。気門の周りにも細かな毛が生えていて防水仕様になっているので、ある程度の時間であれば窒息することはない。水たまりに落ちたくらいであれば、なんとか脱出することはできるけれど、さすがにある一定の時間以上、水に沈んでいたら死んでしまうのだ。

100時間も水中にいられるウミトゲアリ

では、ウミトゲアリはどうしているのか？　ウミトゲアリの巣があるのはマングローブ林の干潟《ひがた》の中だ。マングローブは海水と淡水が交わる汽水域に生息する植物で、その根は満潮時、水に浸かっている。

ウミトゲアリの巣も浸水してしまうのだが、その構造はほかのアリの巣と同様、下に向かう通路から横に枝分かれするように部屋があり、ダイレクトに部屋に水が入らないようになっている。さらに、各部屋に向かう横道にはS字型の歪曲《わいきょく》を施すなどの工夫がなされ、土壌の特性もあって、巣穴のいくつかの部屋は満潮時でも空気が保たれる。基本的にはこの常時空気のある場所で子育てをしているものと考えられる。

食料を集めるなど、巣の外に出るのは昼夜関係なく干潮時だ。また、海の上を移動するために道標《みちしるべ》フェロモンが使えない。つまり、ウミトゲアリの働きアリは単独で視覚に頼りながら食料を探し、巣に戻ってこなくてはならない。

そのためウミトゲアリの眼のレンズは、通常のアリの倍の約30㎛（マイクロメートル）もある。さらに、幅の広い感桿《かんかん》（微細な毛でレンズを通った光を神経に増幅しながら伝える。ウミトゲアリは5㎛とアリの中では最大幅クラス）で微弱な光を増幅し、夜でも目が見える。そして、干潟の明るい天気でも視細胞が壊れないように、瞳孔《どうこう》は極端に細く長い構造になっている。

基本、干潮時に外出するとはいえ、水に沈む巣に住むわけだから潜ったり泳いだりする必要がある。ウミトゲアリは当然、泳げる。おそらく、スイスイ「泳ぐ」というよりは、水底に足を引っかけて前に進んでいるのだと推測されるが、その速さは秒速50㎝というかなりの高速スイマーだ。

ウミトゲアリが水中生活に適応できたのは、脚に生えた剛毛にある。ウミトゲアリの働きアリの脚には、ほかのアリに比べて非常に多くの細かな毛が密集して生えていて、その

海の中を歩けるウミトゲアリ

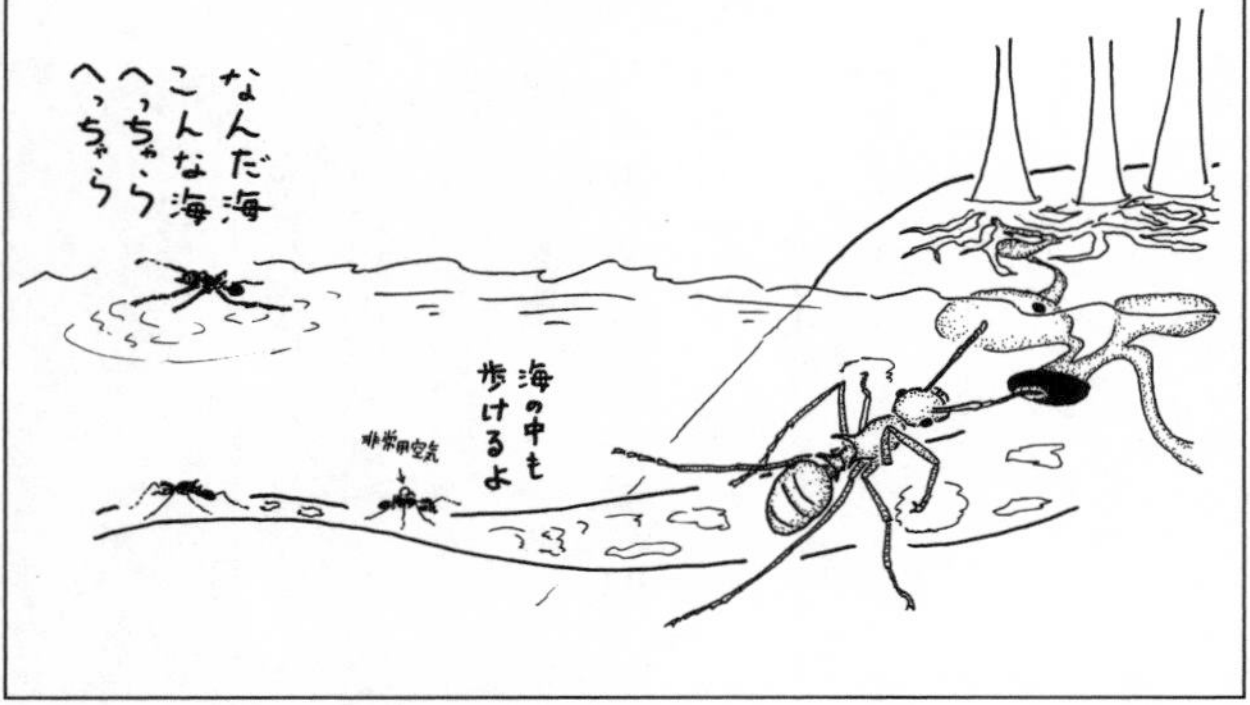
なんだ海
こんな海
へっちゃら
へっちゃら
海の中も
歩けるよ
非常用空気

毛の間に空気を溜め込むことができる。脚の剛毛がダイバーのスキューバボンベや浮き輪の役割を果たしているのだ。

水中に潜って歩くという行動もできるのだが、その際は体表の毛に空気の層を作り、溺《おぼ》れないように素早く動く。この空気の層は、緊急時に仮死状態でやり過ごす時も最後の命綱として機能する。実験によれば５℃以下であればなんと１００時間以上も水中で生存することができる。30℃だと３時間くらいが限界だそう。

海を飛び出して４億５０００万年。ウミアメンボやアザラシシラミよりさらに海の生活に適応できているウミトゲアリたちは、何を思って海に帰ってきたのだろうか？　競合の少ない〝ブルーオーシャン〟だと思ったのか？　アリの世界はやはり奥深い。

灼熱の砂漠に生きるアリ

海の次は、砂漠だ。世界最大級の砂漠でアフリカ大陸北部にあるサハラ砂漠に生息する「サハラギンアリ（*Cataglyphis bombycina*）」の話をしよう。

このアリは陸上生物の中で、もっとも高温耐性の高い生物だと言われている。

サハラ砂漠の気候は海よりさらに過酷だ。年間降水量は３００㎖にも満たず、極端に乾燥している。太陽光を遮るような灌木《かんぼく》すらなく、地表面から熱放射があり最高気温は50℃を超えることもある。そんな環境で地上生活が可能な生物は限られる。

節足動物では、驚異的なスピードとのこぎりのような特大なアゴで小さなトカゲを真っ二つにするヒヨケムシ（クモ形動物）。普段は薄緑の「短翅型《たんしけい》」だが、相変異して黒色の「長翅型」になると数百㎞も大飛行するサバクトビバッタ。そんな曲者《くせもの》が暮らしている。

通常の生物を寄せ付けない灼熱の砂漠でサハラギンアリは、わざわざもっとも暑い日中に食料を探しに出る。天敵はいないし、食料となるゴミムシダマシなどが暑さで気を失って動かなくなっているからだ。

とはいえ、アリに限らずほとんどの生物の活動限界は40℃程度。50℃にも達する砂漠では、体中の水分が抜け、あっという間に動けなくなる。ではなぜ、サハラギンアリは灼熱の砂漠でも生きられるのか。

一つは体の形態などが砂漠に特化したものになっているからだ。重要なのは、体にみっしりと生えている特殊な体毛だ。この毛は断面が三角形をしていて、表面がヒダヒダになっている。この毛が、太陽光のうち熱を伝える波長のものを反射し、体温の上昇を抑えている。研究者が体表の毛を剃った状態と比較したところ、なんと反射率は10倍も違っていた。この体毛の反射により体色が銀色に光って見えるので、「サハラギンアリ」という名前がついたわけだ。

また、物理的な暑さ対策だけではなく、体内にも巧妙な仕組みが備わっている。

すべての生物の体はタンパク質でできている。だいたいのタンパク質は最高でも60℃で働きを失ってしまう。卵の白身が灼熱のボンネットの上で白くなってしまうのを見たことがあるだろう。あの現象こそ、高温での「タンパク質の失活」を示している。

そこで生物本体は、あまりに高温にさらされた場合、それを守るための仕組みとして「熱ショックタンパク質(HSP：Heat Shock Protein)」という特殊なタンパク質を作り出している。このタンパク質の役割は、体内で高温にさらされた際にできたストレス物質を取り除き、タンパク質が機能しやすい状況を作ることである。

サハラギンアリはほかの昆虫に比べてこの熱ショックタンパク質を高温でも大量に作り出せる。これにより、なんと53・6℃まで耐えられる。通常の昆虫よりも10℃以上も高温に耐えうるスペックを備えているのだ。

そんな耐熱ボディに加え、サハラギンアリにはさらにユニークな戦略がある。アリの仲間では最速、昆虫全体でもトップクラスの足の速さを獲得したことだ。

その速さ、ジェット旅客機並み！

その速さ、秒速855㎜。人間の平均的な歩行速度は0・8～1・0mとされているので、ほぼ人が歩く速さと同じくらいだ。「それが最速？」と思った人は、アリの体の小ささを考えてみよう。サハラギンアリは体長5～6㎜程度。1秒間に自身の体長の155倍の距離を移動しているわけで、身長170㎝の人間に換算すると、時速約948㎞。時速500㎞に達するリニア中央新幹線より速く、国内線ジェット旅客機の最高スピードとほぼ同じ速度ということになる。

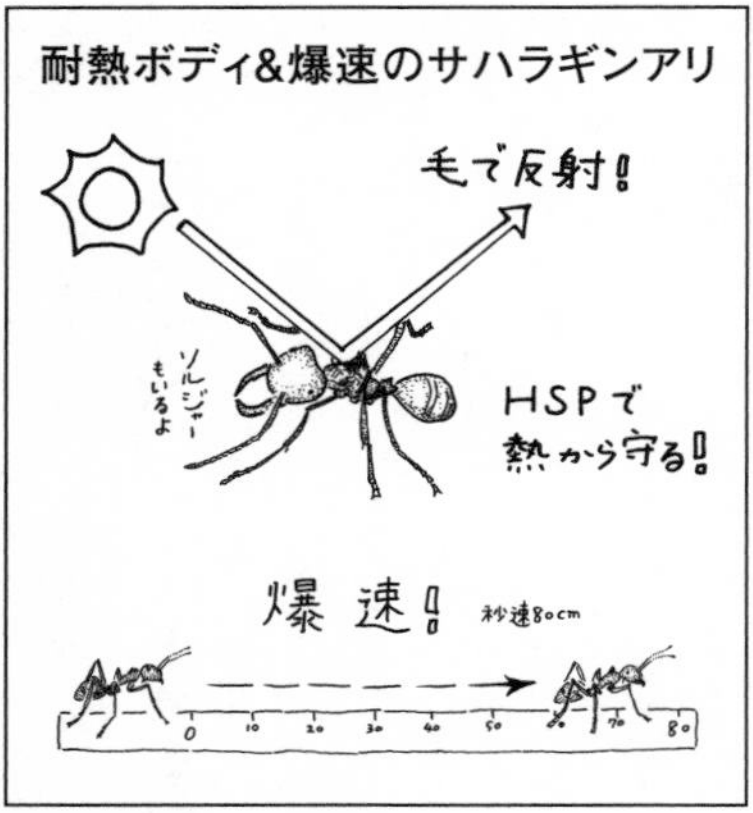
耐熱ボディ&爆速のサハラギンアリ
毛で反射!
ソルジャーもいるよ
HSPで熱から守る!
爆速!
秒速80cm

しかしながら、地上最強の高温耐性およびジェット機並みの高速移動能力をもってしても、サハラギンアリが日中活動できるのはたった6分。サハラ砂漠の環境の厳しさが知れよう。そのような環境で、わずか片道3分で食料を見つけなくてはならない。短時間で効率的に動き回り、食料を見つけ、すぐに帰巣する。そのための爆速移動能力なのだ。

ただ、砂漠は食料資源に乏しい。3分間の探索時間に食料となる昆虫に出会えるかどうか。確率的にはかなり低い。しかし、サハラギンアリはくじけない。行動を観察していると、ランダム性こそが命、とばかりにありとあらゆる方向に疾走する。

こざかしいデータ分析なんてここではなんの役にも立たない。とにかく走り回らねば、食料にはありつけない。この希少でランダムな難問を突破して、はるか数千万年もの昔から砂漠の環境に適応している姿こそ、サハラギンアリの魅力と言えよう。

日中50℃以上に達するサハラ砂漠で炎天下に活動するサハラギンアリは、フェロモンではなく視覚情報に頼った行動をする。なぜなら、砂はフェロモンを吸収してしまうし、わずかに残ったフェロモンも高温であっという間に揮発してしまい役に立たないからだ。

また、近縁種は歩幅を記憶しながら距離を測るのだが、そういった行動もとれない。柔らかい砂地を動くサハラギンアリは、それに合わせた独特の足の運び方をすることから、歩幅を計測することが不可能なのだ。そのため、このアリたちは、人間から見たらこれといった特徴のない、砂と空しかない砂漠の地形を記憶して巣の位置を把握している。極限環境では、やはり視覚情報がもっとも有効な情報処理の手段なのかもしれない。

サハラ砂漠の環境は日中だけではなく夜も過酷だ。氷点下にもなる夜間には、アリだけではなくほとんどの節足動物は活動ができない。

もちろん水分は極端に少ないので、補給経路は捕ってきた昆虫の体液がほとんどだ。小さなアリでは、キリアツメゴミムシダマシ（サカダチゴミムシダマシ）のように朝露を集めるのも非常に困難だ。そのような環境であるから、コロニーサイズはさほど大きくはなく、多くても数百個体である。

サハラギンアリの極限環境を生き抜く術はものすごい。2023年7月、世界の平均気温が史上最高を記録した。厳しい気候変動に今後もさらされ続けるであろう人間社会は、サハラギンアリの耐熱性能や高速移動能力からきちんと学ぶことができるだろうか？

暁《あかつき》の時間だけ活動する幻のアリ

極端な暑さに適応したサハラギンアリとは逆に、寒さに適応したのが「アカツキアリ（*Nothomyrmecia macrops*）」。アカツキアリの英名は「Dinosaur ant」――恐竜のアリだ。というのも、アカツキアリの大アゴや胸部、腹柄節《ふくへいせつ》の形などが白亜紀にハチとの共通祖先から分岐した原初のアリの姿に非常によく似た特徴を持つからだ。現時点で、地球上で現存するもっとも祖先的な特徴を残したアリだとされている。

アカツキアリが生息するのは、オーストラリア南部の130万人都市アデレードから西に700㎞ほど行ったところにある小さな町「プーチェラ」だ。この町にある20㎞四方ぐらいの荒地にだけ生息している。

アカツキアリが最初に発見されたのは1934年だが、それも確認されたのは1個体のみ。その後、長いこと謎に包まれた「幻のアリ」と言われ続けていた。それが1978年に改めて複数個体がこのプーチェラで発見され、詳細な生態が明らかにされた。ただ、今でも希少な種であることに変わりはない。

アカツキアリは腹部先端にハリを持つキバハリアリ亜科の仲間だ。この亜科は化石種が多く、現存しているのはオーストラリアに生息する「キバハリアリ（Myrmecia属）」とこのアカツキアリだけである。ただし、キバハリアリとは形態的にはかなり異なっている。サイズは９・７〜11㎜と比較的大きい。キバハリアリの大アゴはカマのように長く鋭いが、アカツキアリの大アゴはそれよりは短く、太い。胸は細長く、完全夜行性の昆虫にしては複眼は大きい（巻頭写真㉑参照）。

そして、いちばんの特徴は暁の時間にしか活動しないということだ。未明から日の出までの時間帯にだけ、巣から出て食料を探す。その時間帯、オーストラリア南部の気温は夏でも氷点下になる。

昆虫がどこまでの寒さに耐えられるかは種によって違うけれど、一般的に気温が５℃を下回ると、体の体液が粘性を持ちはじめ、活動ができなくなる。一般的には「冬眠」するか、あるいは死んでしまう。アリは全般的に寒さに強いが、それでも通常のアリは10℃を下回れば地中深くもぐって冬眠してしまう。

一方、アカツキアリは気温がマイナスになっても活動ができる。というか、マイナスに近い気温になってからしか動き出さない。体内に体液を凍らせない不凍タンパク質を分泌して、寒さに対抗できると考えられているが、詳細は不明である。

寒さで動けない昆虫を拾う狩り

僕はこれまで2回、プーチェラを訪れアカツキアリを観察している。最初に訪れたのは1998年のクリスマス、真夏のオーストラリアに僕はいた。アデレードからプーチェラまで車を飛ばして7時間。日中は42℃という酷暑だが、夜になると本当に0℃になった。なんて場所だ。寒さに震え、深夜でも活動しているアボリジニに出会ってびっくりしながら、この奇妙なアリを観察しようと待ち構えていると、いた！　出てくる出てくる。夜中の3時過ぎ。こんな寒い中、アリが本当に活動できるのか半信半疑だったのだが……アカツキアリたちはゆっくりとではあるが動いている。

寒さのせいで、ハエなどの昆虫は木の枝にしがみついて動かなくなったり、地面に落ちてしまっている。そんな昆虫たちを見つけると、アカツキアリはゆ～っくりと近寄って、それらをそぉっとつまみ上げて、またゆ～っくりと巣に戻る。こんな狩りは見たことがない。

「寒い！　眠い！　でも面白い!!」

そして、空がうっすらと白みかけてくると、アカツキアリたちは食料探しの時のノロノロした動きからは想像もつかないほどの速さで巣に帰っていく。短い活動時間は日の出とともに終わる。わずか3時間ほどの大スペクタクルであった。

興奮の夜が終わり、そのまま熱暑の乾燥林を掘り起こしてみた。アカツキアリの巣の深さは地下1mくらいにあり、アリたちはぐっすりと眠り込んでいた。寒さには強くても、暑さにはめっぽう弱いのだ。

次にプーチェラを訪れたのは2014年の6月。冬のオーストラリアだ。ケアンズで開催される「国際社会性昆虫学会」という学会で発表することになっていて、せっかくオーストラリアに行くのなら、と仲間の研究者3人と訪れたのだ。プーチェラに行くには、ケアンズから飛行機で3時間移動して、アデレードまで行き、そこから車で700km、7時間の旅。簡単だ。アカツキアリを見るためならなんてことはない。

まずは、前回訪れた16年前にアカツキアリを発見した場所を目指したのだが、探せども

探せども、記憶にある場所がない。なんと僕らがアカツキアリを観察した場所には、巨大なサイロが建設されていて、ユーカリ林の一部も伐採されていた。地形が改変されていてまったくわからなくなっていたのだ。

プーチェラの町の入り口にあったグロッサリーストアにはアカツキアリのポスターが貼ってあり、公園にはアカツキアリのオブジェまであるのにこの体たらく。人間とはなんと愚かな生きものなのか。

そのグロッサリーストアでアカツキアリの絵葉書を買い求めた時、店主に「アカツキアリを見に来たんだ。日本から」と言うと、「おー！　いいな！　アカツキアリに刺されたのはこれまでに6人しかいないんだ。オレもその一人だがな」と言われ、「これは、面白くなってきた！」と思ったのだがなぁ。

生息地域はオーストラリアのごく一部

その後、レンタカーで走り回ること1000㎞！　『水曜どうでしょう』（北海道テレビの名物番組）じゃないんだから、こんなにあちこちを短時間で回るとは思っていなかったが、ようやく生息地に似た環境を発見。ここなら間違いなくいるはずだ。

2日間、車を走らせた疲れも忘れて、夜中、その場所に出撃。真冬のオーストラリアの夜は、15年前とは比べものにならないくらい寒い。深夜3時。震える体。歯の根が合わない。カチカチと歯が鳴る。

そんな中、ようやくアカツキアリのお出ましだ。16年前よりも動きが速い！　こんなシャカシャカ動いてたっけ？　次々と獲物をとらえては巣に持ち帰っている。冬のほうが活動的だとは思わなかった。

またまた興奮しながら、写真を撮り、アカツキアリの発する音声を録音するために作業をしていたら、3人とも「痛ててて！」。見事に刺されてしまった。これでアカツキアリに刺された人の数はいっきに9人に増えたわけだ。そんな貴重な経験をしながら、夜明けまで行動を観察した。あとは巣に戻っていくところを追跡して、掘るだけだ。

尋常ではない寒さ。いつまでも明けない夜の空。寝不足と疲れ。我慢できなくなって、ムダに周囲をダッシュして体を目覚めさせる。そしてようやく夜が明けてきた。信じられないほど鮮明な真紅の光があたりを照らしはじめる頃、アリたちはいっせいに巣に戻り出す。やっぱりすごい面白いなぁ（巻頭写真⑳参照）。

アカツキアリ——およそ1億年も前からこの地球上に生息し続けている希少種。今では、ここプーチェラというしょぼくれた町のしょぼくれたユーカリ林にしかいない。面積にしたら100m四方もないかもしれない。

僕が行ったような調査は、オーストラリア在住の研究者の紹介がないと許可を取ることができない。また、標本の持ち出しも原則的には難しい。そうした規制を研究者に課すような場所に、無神経にサイロを建ててしまうなんて、本当に残念な所業だ。

研究活動には厳しい制限を設けるのに、経済活動であれば無制限に、貴重な生物がいなくなってもおかまいなく開発を許可する。そういったことに我々は慣れすぎていないだろうか？　このアリは、いまだに十分な生態が解明されておらず、奇妙な箇所にある発音器官から発せられる音声についても解析が進んでいない。約1億年もの間、地球環境の激変を何度も乗り越えてきたアカツキアリを人間の都合だけで絶滅させていいはずがない。

「弱さ」と「長寿」により獲得した社会性

昆虫の多くは基本、寿命が1～2年と短い。特に寒い冬を越すためには、卵や幼虫、蛹で越冬することが多く、成虫のままで冬の寒さを乗り切ることができる種類は意外に少ない。

一方、アリは夏の暑さでも冬の寒さでも生き残ることができる。たとえば、マイナス30℃くらいまで下がるモンゴルの草原にも、数十種類のアリが生息している。地中深くに潜っていれば、簡単に冬を越すことができる。

なぜアリは厳しい環境条件下でも、成虫の状態で生き延びることができるのだろうか？

その答えは、「社会」を作ったからということになるだろう。しかしながら、原因と結果は複雑に絡み合っている。

アリは真社《しん》会性と呼ばれる見事な社会を作る。その定義は①集団が子どもを協力して育て、子どもを産まない個体が存在すること。②繁殖だけを行う女王（アリ）が存在すること。③世代が重なること、の三つだ。そして、真社会性となるための条件は、「長寿」と個体としての「弱さ」だ、と考えられている。

通常1年しか生きられない短命の生物は、集団を作るメリットを受ける前に死んでしまう。わざわざ集団を作って面倒な機能を獲得し、お互いに協力しても、その利益は数年先にしか出てこないとなると、これは単独性にならざるを得ない。

一方で、寿命が数年以上と長くなると、集団でいるメリットが大きくなってくる。現存するアリはすべて真社会性のため比較することが難しいので、別の昆虫で説明しよう。

農業害虫でもあるアザミウマという小さな昆虫がいる。植木などに発生する黒くて細長い虫を見たことがあるかもしれないが、それがアザミウマだ。アザミウマは世界中で5000種類ほどが知られている。その中で真社会性を獲得しているのは、わずかに7種のみだ。

この7種は、いずれも非常に栄養分の少ない植物を食料源とし、ゴールと言われる虫コブに引きこもって生活する。栄養が足りないと短命になると思われるが、実は逆で貧栄養のほうがゆっくりとしか成長できず、長生きになる。意外なのだが事実だ。

これら貧栄養アザミウマは、アザミウマとしては長命の3年の寿命を持ち、虫コブの中で仲間だけで引きこもりながら過ごす。すると協力行動が進化し、「兵隊アザミウマ」が出現し、皆が利他的行動をとるようになる。

そう、「弱さ」こそが協力行動や利他的行動の進化のカギとなる。「弱い奴ほどよく群れる」といったネガティブな言い方があるけれど、生物の世界においては、弱いものほど集まって社会を作ったほうが合理的なのだ。

ちなみに、アザミウマは虫コブという隔離された社会があるので、そこで暮らす個体はすべて血縁者だ。したがって、血縁をわざわざ見分ける能力は進化せず、特にほかの虫コブに入っているアザミウマを襲うこともなく、非常に平和な社会となっている。

一方で、哺乳類、鳥類、爬虫《はちゅう》類や魚類では真社会性は進化しにくい。たとえば、イワシなどの小型魚類。さまざまな生物が暮らす海の中で、小魚はとても弱い存在だ。そのため、群れを作って外敵から身を守る。けれど、寿命が短いし、広い海の中で血縁者だけで集まることも難しいだろう。

『スイミー』のように群れを作って、大きな魚へと対峙《たいじ》しているように見える。けれど、実際は個々の魚が集団の内側の安全なところに逃げ込もうと必死に動いて、あの形になっているにすぎない。勇敢に捕食者と戦う利他的なソルジャーはなかなか誕生しないのだ。

ハダカデバネズミが長寿な理由

また、長寿と関連するのだけれど、たとえば地下のような低酸素状態に適応すると、自

哺乳類なのに
真社会性動物のハダカデバネズミ

然に寿命が長くなり社会が進化する傾向がある。

その代表格が「ハダカデバネズミ（Heterocephalus glaber）」と「ダマラランドデバネズミ（Fukomys damarensis）」だ。齧歯《げっし》類（ネズミの仲間）の寿命がせいぜい2〜3年程度なのに対して、ハダカデバネズミは最長寿命が37年以上！ 平均で30年ほどは生きると言われている。

申し訳程度に生えた毛と大きな2本の歯が特徴のハダカデバネズミ（そのまんまの名前！）は、哺乳類なのに体温調節ができない。このネズミは哺乳類で唯一（唯二）の真社会性動物だ（真社会性を持つ哺乳類はハダカデバネズミとダマラランドデバネズミだけ）。女王ネズミ1個体と数個体の王、兵隊と働きデバネズミに役割が分かれている。女王ネズミから生まれた個体がどうやってソルジャーやワーカーになるのか？ それは、女王ネズミのおしっこに生殖腺の発達を抑える物質が含まれていて、その物質が届く空間にいると子どもが産めなくなるからだ。

エチオピアなどのアフリカ北東部の砂漠の地下にトンネルを掘って、そこに80～２００個体ぐらいで暮らしている。すると、巣の酸素濃度は６％で、二酸化炭素濃度は７～10％というかなりの低酸素、高二酸化炭素状態になってしまう。人間が生存可能な酸素濃度の下限は16％で、10％を切るとほぼ死んでしまう。二酸化炭素濃度10％で意識障害や死に至るケースもある。こんな厳しい大気の組成でもハダカデバネズミは生きていける。無酸素状態でも仮死状態になって、心拍数を下げ、呼吸を止め、最長で18分間は生きられるというから驚きだ。

実は低酸素状態に関する生物の応答はノーベル賞の研究がかかわっている。２０１９年のノーベル生理学・医学賞受賞の研究テーマは「Hypoxia-inducible factor：低酸素誘導因子ＨＩＦ（ヒフ）遺伝子」だ。この遺伝子が発現すると、低酸素状態に対抗するためのさまざまなタンパク質が生成される。

そのプロセスでもたらされる生物への影響が非常に興味深い。一つが長寿命、そしてもう一つがガンの抑制だ。ハダカデバネズミでは、ＨＩＦ遺伝子の発現がマウスやラットに比べ有意に高く、それにより長寿命でガンにかかりにくいのではないかと推測されている。

「社会性」「寿命」から「ガン抑制」まで、アリから出発してこんなところまで到達した。

これらは人間社会にも大きなインパクトを与えるだろう。もちろん、我々人間はハダカデバネズミではないし、いわんやアリではない。低酸素状態に陥ったらすぐ死んでしまうし、ガンの抑制などまだまだ夢のまた夢の儚《はかな》い生物だ。

しかしながら、究極の社会性が「弱さ」をキーワードに獲得されたことを考えると、我々人間の儚さにもチャンスがあるのかもしれない。

2023年はウクライナ戦争やイスラエルとパレスチナ・ハマスによる戦争など協力行動・利他的行動とはかけ離れた事象の起きた社会情勢であった。もっと協力し合い、利他的な行動が取れるような真の社会性をいつかは身につけられるはず、と未来に託しましょう。

きれい好きなアリのトイレ事情

2020年から2023年まで世界中が新型コロナウイルスの感染拡大の甚大な影響を受けた。2024年2月現在で、もう人々はコロナの惨禍を忘れよう忘れようとしているように見える。しかし、過去からできる限りのことを学び、未来のリスクに備えることは非常に重要だ。

アリの社会においても、感染症は非常に恐ろしい。地下や朽木の中などの閉鎖空間でたくさんのアリたちが生活する状況は、ウイルスや細菌に感染した際、パンデミックが起こる可能性が高い。そのため、ほかの生物にも増して、アリたちは清潔好きだ。

数百時間の観察を行った菌食アリ・ハキリアリのコロニーでは、外から戻ってきた個体は100%グルーミングをしてからでなければ巣の中に入っていかなかった。それくらい巣の中の衛生状態には気を配っているのだ。

そこで、アリのトイレ事情だ。食事をしたなら当然、出すものもある。意外に知られていないかもしれないが、アリは固形のうんちはしない。なぜなら、アリは液体食だから。排泄《はいせつ》されるのはおしっこ、というか液状のうんち（液状フン）だ。このおしっこ、もしくは液状フンをする特定の場所が決められている。巣の中にちゃんと「トイレ」があるのだ。

これは、2015年にドイツの研究者チャクスクス博士らのグループが「トビイロケアリの仲間（*Lasius niger*）」を用いた実験で証明している。格子状の部屋に区切った石膏《せっこう》の巣の中にアリを入れ、食用色素で染めた砂糖水を与えて、フンをした場所が着色されるようにしたのだ。

2か月間観察してわかったのは、アリは巣の中の決まった場所で排泄をするということ。そして、そのトイレスペースは巣の中の活動エリアから離れた、はしっこに作られること。一方で、食べ物のカスや死んだ仲間の死骸などはちゃんと、巣の外に捨てに行くということだ。

食べ物である昆虫の残骸や死んだ仲間を放置しておくとどんどんと腐っていき、巣の衛生状態に影響を与える。だからこそ、外に捨てに行かなくてはならない。

一方、液状フンはどうなのだろうか？　チャクスクス博士らは、巣の中にあるトイレの意味に関しては現時点でよくわからないとしているが、実はある程度のヒントを僕は摑《つか》んでいる。それは菌を育てるアリたちにある。

彼女らは菌を育てる時に頻繁に液状のフンを菌園に施肥している。菌食アリの社会には決まったトイレはなく、排泄物も完全に循環するようになっているのだ。見事と言うしかない。

衛生的なアリのフンとゴミ捨て場

ではなぜアリの液状フンは衛生的で栄養にも富んでいるのだろうか？　同じような液状フンのみを出すアブラムシなどは、そもそも貧栄養の植物の樹液のみを食料源としている。それを共生バクテリアが分解することで栄養分として利用し、残りも「甘露」としてアリに分け与えている。これなら直感的にも理解しやすい。つまり、もともと衛生的な樹液だから、フンも衛生的だ。

しかしながら、アリの食料源は多様で、種によっては腐肉などを主な食料にする種もいる。そのフンが衛生的なのだから、アリの体内にはより効果的な浄化装置が備わっているのだろう。

まだ明確な研究はないが、これまでの知見からアリの口器には特殊なポケットがあり、そこには抗生物質を分泌するバクテリアが共生していることがわかっている。入り口からすでに浄化装置があるのだ。体内にも共生バクテリアは存在していることから、そのような微生物の分解能力によってアリは衛生的なフンを排泄することができているのだろう。

なかなか人間には真似《まね》できないことである。

こうやって見ると、アリの社会のゴミ捨てですら、非常に示唆に富んでいる。食べカスや巣材が古くなると、働きアリたちは巣の中のあまりアリたちが近寄らない場所か、巣の外で、かつエネルギーを節約できる距離のところにゴミ捨て場を作る。

アリの中でももっとも立派なゴミ捨て場を作るのがハキリアリだ。ハキリアリは巣から数m離れた場所に、ゴミ捨て場を作る。巻頭の写真⑭を見てほしい。逆Uの字に飛び出しているのは木の根で、アリたちが古くなったキノコ畑の断片を持って運んでいるのがわかる。右側の根元にできている薄茶色い円錐《えんすい》形のものが10年以上積み重なったゴミ捨て場である。このゴミ捨て場には、さまざまな微生物や節足動物が住み着いており、さながら「ゴミ捨て場の小宇宙」を形成している。

1993年に初めてパナマに行ってこの写真を撮った時、あまり事情を知らなかった僕はこのゴミ捨て場に寝そべりながらアリの写真を撮影し、40か所以上をダニに噛まれ、帰国してから2か月後にそれがすべて化膿し、40℃以上の熱が出て死にかけた経験を持つ。ハキリアリたちはここが「不衛生」な場所であることを理解し、木の根の上からポトッとゴミを廃棄している。賢い。オレ、賢くない。

泥を身にまとうアリ

そんなキレイ好きのアリだが、巣は泥だらけ、体中に泥を塗りたくる珍しいアリがいる。英名はそのまま「ダートアリ（Dirt ant／泥だらけのアリ）」。ブラジルのアマゾンなど新熱帯に生息する「カクレウロコアリ（*Basiceros manni*）」というアリだ。

大学院１年生の時、このアリを名著『The Ants』で見て以来、ぜひとも本物をフィールドで見てみたいと思い続けてきた。しかし30年にわたって中南米を中心に調査をしているが、いまだにこのアリを見たことがない。かなり見つけにくいアリであることは間違いないだろう。

そもそもカクレウロコアリは、名前に一部入っているようにウロコアリの近縁だ。どちらのアリにも奇妙な形をした毛が生えていて、この機能に関しても不明な点が多い。ただ、カクレウロコアリについては、その毛こそが、最大の特徴である「汚さ」につながっている。

このアリの体には何本もの繊維が密集した長い毛と短くもじゃもじゃの毛が生えている。この2種類の奇妙な毛によって泥がしっかりと保持できるようになっている。そして、巣の中には泥が積まれていて、しかも、その泥をお互いに塗り合う。

なぜ、泥だらけの汚部屋《おべや》状態にしておくのか、どうして泥を身にまとうのか?

1986年に出版された論文では、このアリはそれほど特殊化した分泌腺を持たず、泥を塗りつけることで、別の匂いをつける「カモフラージュ」をしていると考えられている。

このカモフラージュは、基本的に狩りの時に有効だと推測されている。泥の匂いで偽装すれば、アリが近づいてくるとは思われない。カクレウロコアリはよくカタツムリを襲うのだが、匂いに勘づいてカタツムリに逃げられることがあり、泥の匂いで誤魔化しているのだろう、と。ただ、カクレウロコアリもカタツムリもどちらも動きがのろくて、そんなにカモフラージュの効果があるのかな?と疑問に思っている。

一つ別の仮説を出しておくと、このカクレウロコアリの巣に積まれている泥は、写真から判断するとなんらかの選択がかかっていて、泥ならなんでもいいわけではないように思われる。つまり、その泥には抗生物質やアリにメリットがあるなんらかの細菌類が存在していて、それを体に塗りつけることで、免疫系の強化ができるのではないだろうか?

まあ、とにかく、このアリの行動生態は1986年以降ほとんど研究がなされていない。

動きは鈍いがアゴの反射は世界最速

ちなみに、カクレウロコアリの近縁であるウロコアリも動きが鈍い。が、アゴの反射は速い。最新のハイスピードカメラによる研究では、ウロコアリが大アゴを閉じる速度は、なんと世界最速と言われるアギトアリのそれよりも速く、人間のまばたきの数千倍の速さであった。ウロコアリは日本ではちょっとした森に行けばすぐに見つかる普通種のアリだが、そんなアリでも世界最速の特徴を持ったものがいるなんて、驚かされる。

なぜウロコアリがこの機能を手に入れたのか？　それは彼女らの食性にある。このアリはトビムシを食べることにのみ特化したからだ。ウロコアリの頭部はハート型で、大アゴは左右に１８０度開く。口にはセンサーの役割を果たす毛があり、そこにトビムシが触れると、瞬間、大アゴが世界最速のスピードでパチンと閉じて獲物を捕まえる。

皆さんはトビムシを見たことがあるだろうか？　無翅《むし》昆虫と呼ばれ、極めてシンプルな体の構造をしている。昆虫は翅《はね》が４枚、頭部、胸部、腹部の三つのパートに分かれていると学校では習うと思うが、トビムシやシミなどは昆虫なのに翅はなく、体の部分も胸部と腹部を明確に分けることができない。

非常に祖先的な特徴を多く残した昆虫である。そのトビムシは、体が何かに触れると、後ろ脚にあるフックが外れて自動的に跳ねてしまう。トビムシのこの反射スピードは極めて早く、人間はもちろん、ほとんどの生物はトビムシを捕まえることができない。

しかし、大アゴを素早く動かすことに特化したウロコアリは、ゆっくりウロウロと歩いているにもかかわらず、誰も狩ることのできないトビムシをあっさりと狩ることができる。トビムシが勝手に近づいてきたら、その瞬間、大アゴを閉じる。そして、これまたトビムシには十分効果のある毒針を刺す。

日本中の森の中で今日もウロコアリたちはせっせとトビムシを捕まえている。みんなが気づかないありきたりの姿にも、進化の醍醐味《だいごみ》が隠れているものなのだ。

アギトアリに刺され壊死《えし》寸前⁉

ウロコアリに大アゴの筋反射速度で負けてしまったとはいえ、「アギトアリ（Odontomachus）」も非常に面白いアリである（巻頭写真㉒参照）。アギトアリは時速230㎞という新幹線並みの速度でアゴを閉じ、獲物となる小昆虫を捕まえる。

なかなか気性の荒いアリで、アリ同士のケンカとなれば、その長くしなった大アゴでパチンと攻撃し、相手の頭部の外骨格に穴を開けるほどのダメージを与える。

パラポネラやグンタイアリにはかなわないが、アリの世界では「強者」の部類に入るアギトアリ。攻撃に大アゴを使うだけではなく、ピンチの時は硬い地面や石などに大アゴを「バチン！」とぶつけて、反対側に跳ね飛んで逃げるという荒技も持っている。

そんな荒ぶるアギトアリに僕は、これまで数回刺されたことがある。そんなに痛くはないし、腫れもひどくはなかったのだが、２０１２年12月、ヒアリに60回以上刺されすぎて体質が変わってしまった僕には、アギトアリの一撃は耐えられなかったようだ。

夕方、アギトアリの「バチン！」を観察したくて、採集してきたアリをいじくっていたらビシッと左手薬指を刺されてしまった。しかし、まあこれまでの経験から、そんなにひどいことにはならないだろうとたかを括《くく》っていたら、みるみるうちに薬指が腫れてきた。

薬指には結婚指輪がはまっている。だんだん腫れがひどくなり、指輪によって圧迫されはじめた。紫色に膨れ上がる薬指に、同行者たちも心配して「村上さん、やばいんじゃない？」と言ってきた。

どうするか？　このまま放置したら薬指が壊死しかねない。致し方ない！　まずは写真を撮って、パートナーにメールだ！　事前に了承を取っておかないと、やはりまずい。

「ごめんなさい、アギトアリに刺されて薬指がこのように腫れてしまいました。これから結婚指輪を切ります」

無事に了承を取り、ペンチで指輪を切る。血流が回復し、ジンジンとはするものの壊死は避けられた。間一髪セーフ。フィールドワークも楽じゃない。

骸骨を集めるアリ

さて、僕を苦しめたアギトアリだが、意外な敵がいる。アメリカのフロリダ州に普通に生息するヤマアリの仲間、骸骨集めアリ――「Skull-collecting ant（*Formica archboldi*）」だ。なぜ、強者のアギトアリがたいして攻撃力もなさそうな普通種のヤマアリにやられてしまうのか？

研究によるとまず、このヤマアリはアギトアリの体表炭化水素（匂い物質）と近い組成をしていて、アギトアリに仲間だと勘違いされている。これは擬態をしているわけではなく、同じ地域に数万年単位で一緒に過ごしてきたため、自然と匂いが似てきたということだ。

いわゆる社会寄生をするアリは、宿主の働きアリに抱きつくことで匂い物質を身にまとったり、食料源を似せることで匂いも似せたりするのだが、このヤマアリとアギトアリの関係ではそのような社会寄生的な匂いの擬態はない。

これは、近年フロリダに侵入した外来アギトアリとヤマアリの関係を見るとわかる。フロリダに侵入した外来アギトアリは同じ食料を食べているにもかかわらず、ヤマアリの体表炭化水素とはまったく異なる組成をしている。

そのため、外来アギトアリはヤマアリから攻撃されることなく、というか逆に積極的にヤマアリに襲いかかり退治してしまう。一方、もともといたアギトアリは、ヤマアリが近づいてきても、「あれ？　仲間かな？　なんか違うような気がするけど、仲間じゃないとも言い切れない⁇」と混乱。その間に素早い蟻酸《ぎさん》の攻撃を受け意識が薄れていく。「いけん！　いけん！　体が痺《しび》れる‼」となるのだがもう遅い。そのままヤマアリの巣に運び込まれ一巻の終わりだ。

ここからこのヤマアリの名前の由来となる、面白い行動が見られる。

「骸骨集めアリ」――そう、このヤマアリは、気絶したアギトアリを巣に運び込んだあと、アギトアリの頭部を切断し、巣の周りに並べるのだ。なんという奇習であろうか。ある論文では60年前からすでに研究者により確認されている行動である、と書かれているが、それ以上の説明や実験はなされていない。なぜそこに興味がいかない!

己の強さを誇っているようにも見えるし、何か呪術的な意味があるようにも見える。現状、いったいどんな意味や効果がこの骸骨集め行動にあるのかはよくわかっていない。皆さんはどう思われますか?

骸骨を集めるアリ(2)

実は骸骨を集めるアリを、僕はほかにも2種類知っている。

1種類目は中南米に生息するキノコを育てるアリのハナビロキノコアリの仲間(*Cyphomyrmex costatus*)だ。このアリのかわいさは尋常ではない。

まず、キノコ畑がコンパクトでかわいい。地面に落ちている細い朽木や石の下をめくってみると、明らかに土や木とは異なる黄色い塊を見つけることができる。直径は5㎝程度。

手のひらにちんまりと収まってしまう程度のキノコ畑に女王アリ1個体と働きアリが50個体くらいのコンパクトなコロニーが入っている。

腹部にはアリにしては珍しく2本のラインが浮き上がり、かなりオシャレなのも高ポイントだ。そして何より行動が面白い。

何か疑わしい状況になると、働きアリたちはいっせいに触角を振り回し、ヘッドバンキングをしはじめるのだ。

これを発見したのは2000年当時、テキサス大学で僕の隣の席にいたマシュー君だ。マシューはオタクっぽい人で、このアリのヘッドバンキング動画を音楽付きで編集しては「タカ、こんなの作ったんだよ、面白いよね、デュフフ」と見せてくれた。

このキノコアリのキノコ畑の周りには必ずいろんなアリの骸骨が並べられている。これも役割がよくわかっていない。一時期、昆虫のフンや外骨格にキノコを植え付けるという仮説もあったのだが、フンはともかく、外骨格には菌は生えておらず、しかも畑の外周をぐるりと囲うように設置されているので、なおさら役割は不明だ。

中世のヨーロッパの城塞都市では周囲に骸骨を並べる風習があったというが、同じような呪術的な雰囲気を感じてしまう。

東南アジアのプロアッタと中南米のキノコアリ

骸骨集めのアリ、もう1種が東南アジアに生息する「プロアッタ（*Proatta butteli*）」だ。プロアッタは肉食で、巣の中にアリの頭部や腹部を大切に保管する。それだけでなく、巣の外、巣穴の入り口をぐるっと囲うように、アリの骸骨を並べる。

初めてそれを知ったのは、稀代《きたい》のアリ屋さん、「AntRoom」の島田拓氏のホームページであった。あまりにきれいに撮れている写真にすぐメールを送り、「これはキノコアリにも同じ行動をする種がいるんですよ！」と興奮しながら伝えたのであった。

プロアッタの骸骨集め行動の意味もやはりよくわかっていない。

ただ、僕がプロアッタに興味を抱いたのは、この不思議な呪い的な行動に対してだけではない。プロアッタというアリは、働きアリ、女王アリ、そして幼虫の形態が、僕の研究対象種であるキノコアリにものすごく似ているのだ。

特に幼虫の形態はアリの分類においてはかなり重要なカギとなる形質なのだが、キノコアリの幼虫はゼリービーンズのようにシワがなくツルッとした形をしている。こうした特徴は極めて珍しく、ほかにほとんど存在しない。そんな中で唯一、プロアッタの幼虫が同

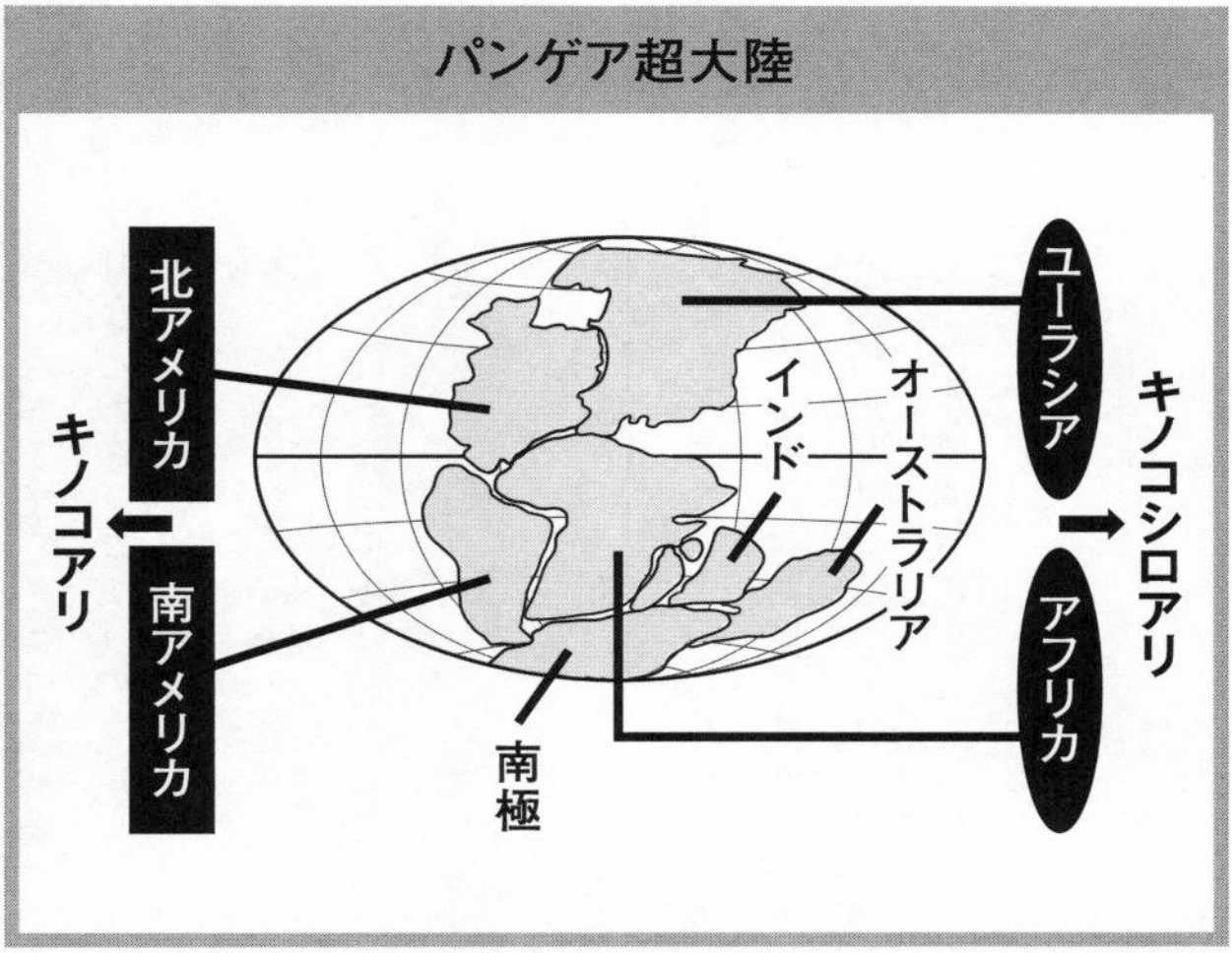

じ特徴を持つのだ。

僕が学生の頃は、このプロアッタもキノコアリのグループに入れるべきではないかという議論があった。しかし、DNA解析の技術が進歩した2000年代以降の研究によって、キノコアリとプロアッタは、系統的にかなり遠いグループであることが判明した。それでも、ひょっとして、もともと仲間だったのでは?という思いを僕は捨てきれないでいる。

約2億年前にできたパンゲア超大陸は分裂と移動を繰り返し、今から5000万年前、地球上の大陸はほぼ、現在の形になった。大陸の塊が分裂し、大移動するのに合わせて生物の分布も分かれていった。

「キノコを育てて、それを食べる」という習性は、北米大陸と南米大陸の熱帯域ではハキリアリなどのキノコアリのグループが獲得。一方、アジアやアフリカ、ユーラシア大陸の熱帯域では、キノコシロアリのグループがその特徴を獲得した。

キノコを育てて、それを食べるというニッチな習性は、大陸ごとにアリとシロアリというまったく異なる昆虫が占めることになったのだ。

そのため、アジア、アフリカ、オセアニア地域にキノコアリの系統は生息していない。けれど、東南アジアにプロアッタという驚くほどキノコアリに似たアリがいる。

一つの可能性として、もともと仲間だったのが大陸の移動によって、違う進化の道を歩んだのかもしれない。5000万年前に引き離されれば、当然、遺伝的な交流は100%なく、変異は別々に蓄積し、別の系統群と判別されるだろう。しかし、体の形や骸骨を並べるといった習性は残っているのではないか⁉　プロアッタを眺めれば眺めるほど、そういった小さな可能性を感じてしまう。

キノコを育てないアリにキノコ畑を与えてみたら？

驚きと同時に、僕の中である実験アイデアが浮かんだ。

ハナビロキノコアリのキノコ畑を、プロアッタの巣に置いたら、プロアッタはキノコを育てはじめるのではないか？　アリが農業を覚えるその瞬間に立ち会えるのではないか？

僕の目の前で菌食行動が進化するのではないか⁉

この仮説はぜひとも証明してみたい！　そう思った僕は島田拓さんに連絡して、プロアッタとキノコアリの研究について相談し、次に東南アジアに行く機会があれば、ぜひ採集してきてほしい旨を伝えた。

それから半年後、さすが島田さん、ちゃんと捕まえてきてくれた。プロアッタはそこそこ珍しいアリだと思われるのに、すごい探索能力で毎回びっくりしてしまう。

飼育していると、やはりプロアッタの形態はキノコアリにそっくりだ。そして、巣の中にはアリの骸骨がたくさん安置されている。場所もハナビロキノコアリと同じく巣の周辺だ。こんな偶然がそんなに起こるものだろうか⁇　これは実験のしがいがあるぞ！と半年くらいニコニコしながら、プロアッタを飼育し、観察してきた。

ただ、残念なことに一方のハナビロキノコアリのキノコ畑をパナマまで採りに行くタイミングがなかなか訪れず、プロアッタ2コロニーは大きくなりすぎて、ダメになってしまい実験は頓挫してしまった。

人間の目の前で進化を、それも菌やウイルスなどの単純な構造の生物ではないもので観察することはほぼ不可能だ。次の章で詳しく説明するが、進化は世代をいくつも重ねて起こるもので、膨大な時間がかかる。

万が一、実験を遂行することができ、プロアッタがキノコを育てはじめたとしても、何かを結論づけることができるほど、生きものの進化は単純ではないことも承知している。

ただ僕は、やたらキノコを育てるのがうまいプロアッタができたら、それだけで満足なのだ。誰か、一緒に研究しませんか?

コラム❶ ついにハキリアリを飼う

ハキリアリのお迎え準備

2020年の年明けからはじまった新型コロナウイルスのパンデミックは、僕の研究にも少なからぬ影響を与えていた。音声コミュニケーション研究を進めることができなくなってしまったのだ。

基本、ハキリアリの観察データはパナマ共和国にある「バロ・コロラド島」で収集する。コロナの感染拡大時は日本国内でできるデータ整理や解析を進めてきたが、現地でなくてはできないことがたくさんある。ハキリアリは日本では多摩動物公園で飼育されているけれど、展示生物を研究用に扱うわけにはいかないし、そもそもハキリアリを個人で輸入することは非常にハードルが高い。が、

「これはもう、ハキリアリをお迎えするしかない！」

2022年12月、そう決意し、生物の輸入に関する検疫をする農林水産省植物防疫所に相談。

準備を進めていった。

パナマなどで、自分で採集したアリを日本に持ってくることもできなくはない。が、現地で輸出許可をとらなくてはならず、女王アリ込みの完全な巣の持ち出しとなると許可されない可能性が高い（そもそも、パナマに行ける状況ではない）。

ただ、海外にはアリを専門にブリーディングする業者がいくつかあり、特に、ドイツは虫好きな人が多いことで知られ、昔からアリ屋さんがたくさんある。

ハキリアリを扱っている店を探し、目当ての種も見つけて、そこで買うことに決めた。

ただ、思いついたまま衝動買いできるものではない。ポチッとした瞬間から、実際に受け取るまでの間、飼育維持費用が1日2000円ほどかかる。そこは、渡航日から逆算して計画的に進めなくてはいけない。


なにしろ、国内での手続きも大変なのだ。ハキリアリは尋常ではない強力な農業害虫のため、植物防疫所に輸入許可に関する申請書類を提出し、飼育環境を整える必要がある。しかも、それが基準を確かに満たしているか、係員の確認を受けなくてはならないのだ。

たとえば、飼育環境の条件として、「鍵付きの二重扉の部屋で飼育」「棚にも施錠」というものがある。うちの研究室はたまたま二重扉になっていて、しかも、カギがかかる扉だった。これは僥倖《ぎょうこう》！と喜んだのもつかのま、大学の事務局に「カギをください」と問い合わせるも、ない、と言う。

そんなことはないでしょうと、いろんなところに問い合わせたのだが、どこにも見つからない。係員の人がチェックしにくる日は近づいている。仕方がないのでカギをかけかえることに決めた。

ネットで調べると「カギの交換1万円」という業者があり、来てもらうことにしたのだが……

約束の時間になってやってきたのは、見るからにいかつい男性だった。

彼は扉をチラッと見てこう言った。

「あー、このカギは相当、特殊なカギなので、福岡市内にはないっすね」

国立大学のごくフツーの研究室のごくフツーの扉のカギが特殊？　福岡市内にないカギなんてあるの？

そんなことを考えている僕に、男性はこう続けた。

「でも、急ぎならなんとかしますよ」

僕が「なんとかっていうのは？」と尋ねると「特別料金をいただければ、カギを見つけてきます」。

「いくらですか？」と聞くと「4万円」――。

僕に選択の余地はなかった。

「出します」

そう答えた30分後、おそらく昼ごはんに行っていたであろうお兄さんは、あっさりとカギを交換し、4万円を受け取ると去っていった。

福岡市内にない特殊なカギがなぜ、30分後に用意できたのか、僕にはよくわからない。とりあえず、それについて考えないことにした。これでハキリアリを飼育する環境は整ったのだ。あとは係の人に見てもらうだけ……と安堵《あんど》していたのだが、その当日――。

「アリ部屋」をちゃんと掃除しておこうと、朝8時30分に研究室に向かうと、部屋が勝手に開けられ、ビニールで全面養生され、天井が大きくぶち抜かれている。

そういえば、事務局から「エアコンの修理が入ります」という連絡が来ていたような気がする。「室外機の取り替え程度のものだろう」と考えていたのだが、天井裏の配管すべてを交換する大修理だったのだ。

「もう今日はダメだ……」

震える手で係の人に電話をし、「今日来ていただいても、ちゃんと見てもらえないので」とリスケしてもらうことにした。電話からは不審感がビシバシと漂ってくる。それはそうだろうな……。

ともあれ、数日後、無事に手続きは終了。いろいろあったものの準備は整った。

もしかして何かの詐欺サイト？

さて、これでようやく、ハキリアリの購入だと思い、目星をつけていたドイツのアリ屋さんのホームページをチェックすると、目的のアリは「AUSVERKAUFT（売り切れ）」。

今さら、種を変えられない（今から申請書を変更したら気が遠くなるほどややこしい事態に追い込まれるだろう）。

これはマズいと思って、いろいろ調べてみると、オランダの南部、ドイツの国境に近い町にあるアリ屋さんで、僕が求めているハキリアリの種を扱っているではないか！

メールで問い合わせると、希望のコロニー数を用意でき、EU内であれば発送可能だという。

値段は予算をかなりオーバーして、すでに研究費をすべて使い切ってしまっていたため自腹だ。でも、背に腹は代えられない。ハキリアリ2種類4コロニーを16万円で購入。共同研究をしているドイツのバイエルの研究所に発送してくれるよう、メールを送った。

ただ、これで一安心、とはいかなかった。僕が受け取りに行く日程と研究所の住所をメールしてから、一切の連絡が途絶えてしまったのだ。

「これはもしかして何か詐欺サイトに引っかかったんじゃなかろうか」

「善良な日本のアリ好きをだます業者がいるのかも!?」

「僕の自腹の16万円……」

そこからの数日は不安と焦りにさいなまれる日々だった。ドイツに行く直前に対馬で実習があったのだが、心ここにあらず（学生たち、申し訳ない）。時間を見てはメールをチェック。受信がないことに落胆し、「ひょっとして、発送が手間なのかも」と「お店に取りに行ったほうがよければ、取りに行きますよ」と何度かメールすると、ようやく「そうだね、受け取りに来てくれるほうが安全だね。でも、発送も可能だよ」という返事がきた。

「送れるんだったら送ってよ！」とレスをすると、再び、音信不通。結局、どういう受け取りをするのかを確認できないまま、ドイツに行く日の朝を迎えた。

福岡空港から台湾の桃園空港へと飛び、ドイツのフランクフルト空港への乗り継ぎの間に、

「お店に取りに行くから、発送しないで待っててね」

「午後1時にお店に着くように行くから！」

とメール。すると、「Yes, around 1pm」とそっけないが、ちゃんと返事が返ってきた！　とりあえず、ドイツに行ったはいいけれど、ただの観光旅行で帰ってくる、ということはなさそうだ。

キミがそれを言うか!?

台湾からネットでレンタカーの予約もして、15時間後、フランクフルト空港に早朝6時に到着。必死の思いでレンタカーを借り、空港からフォルクスワーゲンの最新車を運転すること4時間半。ドルッテンという町にあるアリ屋さんにようやくたどりつくことができた。

約束の時間は13時だったけれど、乗り慣れないマニュアル車、途中で渋滞もあり到着したのは13時45分くらいになってしまった。

まずは、そこに店が存在していたことに安堵。事前にGoogleマップを見ていたのだけれど、ものすごい田舎で、行ってみたらただ畑があるだけだったりして……という疑念が拭えないでいたからだ（まあ、実際に畑の中にある一軒家だから想像したとおりではあったのだが）。

ようやく、ハキリアリに会える。

日本からはるばるここまで、やってきたよ。

アリ屋さんもきっと「遠いところ、よく来たな」とねぎらい、歓迎してくれるだろう。

そんなことを思いながら、店の扉を開けて名乗ると、そこにいたアリ屋の兄ちゃんが一言。

「ずいぶん遅かったな」

内心、「えーーーーーーーー！　そ、それ、キミが言うの？？　おかしくない？？　閉店時間過ぎてたらわかるけれど、まだ昼でしょ。13時と13時45分にどれほどの差があるのよ。そもそも、キミがちゃんとメールのレスをくれて、バイエルの研究所に送ってくれるなり、取りに来てくれってきちんと書いてくれたら、こんなことにはならなかったはずでしょ！」とイラッとした。が、冷静を装い、「渋滞がちょっとね」とクールに流した僕はえらい。

しかし、これだけでは終わらなかった。ハキリアリを梱包《こんぽう》して車に積んで、さぁフランクフルト空港に戻ろうという段になり、まさかの猛吹雪。行きは4時間半の道程だったのだが、吹雪と渋滞で7時間。午後2時くらいにアリ屋を出発して、フランクフルト空港に着いたのは、夜9時をまわっていた。

アリを入手するだけのために、往復何十時間もかけて旅費20万円とハキリアリ代16万円を自腹で捻出して、異国のハイウェイで猛吹雪の中、決死の思いで慣れない左ハンドルのマニュアル車を運転している時、さすがに思ってしまった。

50をすぎたおっさんが必死に何をしているのだろう。

でも、こうした不測の事態やトラブルも含めて研究なのだ（たぶん）。ハキリアリを個人で輸入したのは僕が日本で初めてだ。誰もやったことがないことをやるというのは、想定外のこともついてくる。そういうものなのだと思う。

フランクフルト空港でSIMを求めて

ただ、ドイツは僕にとっては想定外がすぎた。これはもうハキリアリとは関係のない話になるが、とにかく、ドイツではびっくりすることばかりだった。

エピソードは山ほどあるのだが、まずは空港に着いてSIMを買おうと思った時のことから話そう。日本であれば、SIMなど空港に自販機が並んでいる。しかし、フランクフルトではSIMを扱う店は数軒。一つ目の店では、スタッフが3人いるのに、開けているカウンターは2か所だけ。のんびりと1人の客に数十分以上かけている様子で、大行列ができていた。

これでは埒《らち》が明かないと、別のSIM屋を探して行くと、「SIMはない」と言う。SIM屋なのにと思いつつ「どういうこと?」と聞くと、店員は「2時間後ならあると思うよ〜」とスマホでTikTokを見ながら、こちらの目を見ることなくそう答えてくれた。

仕方がないので、SIMが手に入らないまま空港のレンタカー屋に向かった。カウンターには店員が1人。予約している旨を伝えると、「地下駐車場に停めてあるから、勝手に乗っていって」と言うだけ。なんのチェックもなければ、なんの説明もないのだ。

地下駐車場に行き、指定の車にとりあえず乗る。見るとマニュアル車のうえに、バックギアが1速の左横になっている。変だな、普通は5速の対面なのに。

とりあえず、駐車場から出そうとして、表記通りの位置にバックギアを入れて、アクセルを踏み込むと思いっきり前進するじゃん！「うぉぉぉーーー！」と叫びながらブレーキを全力で踏み、間一髪間に合った。壁まで残り3㎝。朝8時の無人の駐車場。オレは何をやっておるのだ。ハンドルに頭をあずけ、一人つぶやく。

「教えてくれよぉ」

安全に運転するには、ギアの入れ方を確認しなくてはいけない。SIMは入手できていなかったので、再び空港に。空港のフリーWi-Fiを拾い、「フォルクスワーゲン　バックギア　入れ方」で検索したのだった。

カスタマーセカンドのドイツと「おもてなしの国」日本

吹雪の中運転をして、フラフラになりながらフランクフルト空港に戻ってからも安心はできなかった。その日初めてのまともなご飯を！と思ってバーガーキングへ。「ドイツ料理は食べないの？」と思うかもしれないが、夜9時にはほぼすべての店が営業終了。バーガーキングだけが夜

10時までやっていた。店に入ったのは9時半。あと30分ある。

ワンオペの店員さんが無愛想に、手書きの紙を見せる。1種類のセットメニューしか提供できない、とのことだった。値段は日本円で2000円ほど。一瞬躊躇《ちゅうちょ》するもほとんど何も食べていなかったので注文することに。

3口ほど食べて人心地ついた時、店員さんが近づいてきて、こう言った。

「閉めるから、出てってくれ」

この時点で閉店時間まではまだ20分ぐらいあり、店内には20人ほどのお客さんが談笑していた。しかし、店員はようしゃなく皆を追い出しにかかっている。日本のマクドナルドだったら大炎上である。

僕、何か悪いことでもしましたか？

ホスピタリティにあふれている日本の生活に慣れきっているせいだろうか。思わず、そう自問してしまった。

日本のサービスの質の高さは、海外からも称賛される。すばらしい「おもてなし」だと。でも、そのサービスを受ける側ではなく、提供する側の労働環境として考えると、評価はだいぶ変わってくる。

カスタマーファーストで働く人は、かなりしんどいはずだ。カスハラが時折、問題にもなるけれど、日本社会の生きづらさは、サービスの受け手側がわがままになりすぎているからではないか。

ドイツはというと、サービスよりも労働者の環境が優先。お客は二の次。客が耐久力を上げないと、生き残っていけない社会だった。

ドイツから戻り、日本に着いて、あらためてすごいと感じた。深く考えなくてもまったく問題は起こらないし、欲しいものは簡単に、かつ安価に手に入る。それは、とても快適ではあるけれど、人間力や国際競争力が弱ってしまうのではないだろうか？

「俺が帰りたいから、閉店時間20分前でも店を閉める！」というような、働く個人を大切にするドイツと、カスタマーファースト実現のために、働く人が死ぬ気でがんばる日本。皆さんは、どちらがより生きやすいと思うだろうか？

いずれにせよ、コロナ禍で海外へ出ることができなかった3年間。ハキリアリをお迎えに行ったドイツの旅は、日本のぬるま湯に慣れ切っていた身を引き締めるいいきっかけとなった。

日本とは違う文化や社会規範に触れるのはとてもいい経験になる。皆さんも、機会があれば、国外へ出て行ってみてほしい。「日本っていいな」と再確認するかもしれないし、何か課題が見つかるかもしれない。外から見て、外に触れて初めてわかることもあるものだから。

第2章　みんな進化を誤解している

ピカチュウがライチュウに〝変態〟⁉

「テクノロジーは進化し、社会も我々も進化してきた」
「激しい時代の流れに適応し、進化していかなくては勝ち残れない」
「もっと努力をして、進化した自分になる」

これらは、あちらこちらで見かけるありきたりのフレーズだが、進化を研究してきた者としては、複雑な思いにさせられる。

さらに身近なモヤモヤで言うと、世界中の老若男女に支持される『ポケットモンスター（ポケモン）』で使われる「進化」という言葉だ。

「ピカチュウがライチュウになるのは別に世代をいくつもまたいだわけではなく、同じ個体で形や性格、機能が変わったわけだから、〝進化〟じゃなくて〝変態〟に近いよなぁ。でも、子どもたちが『イーブイがブラッキーに変態した！　かっこいい！』なんて言えないから〝進化〟と言っているのだろう。そういう事情もわからなくはなく、いちいち目くじらを立てるわけではないけれど（立ててるけれど）、〝進化〟の意味はきちんとわかっていてほしい」

と思っている。

なぜなら、「進化」の概念を正しく理解しておくことは、多様で多彩な人と動植物、菌類やウイルスなどがともに生きていくためにはどうしても必要だからだ。

進化論といえば？

生物が進化する――その事実を明らかにしたのは、ご存じのとおり、イギリスの生物学者チャールズ・ダーウィン……と言いたいところだが、実はそうとも言い切れない。同時代、フランスの博物学者ジャン＝バティスト・ラマルクやイギリスの経済学者で『人口論』を著したトマス・マルサス、そのほか、フランスの博物学者ジョルジュ・キュビエ、イギリスの開発学研究者ロバート・チェンバース、イギリスの博物学者で探検家でもあるアルフレッド・ウォレスなど、多くの研究者や思想家が「生物は不変ではなく、変化しながら環境に適応してきた」ことを考察している。

特にラマルクはダーウィンが登場する以前に科学的な手法を導入し、生物の遺伝や進化に関して世界で初めて検証した研究者である。ラマルクは無脊椎動物の分類体系（1801年「Système des animaux sans vertèbres」）を研究する中で進化論者となり、「使われる器官は発達し、そうでない器官は消失し、それが次世代に伝わる」という「用不用説」を唱えた。

また、ウォレスはインドネシアとフィリピンの海峡の間に「ウォレス線」という生物の切れ目があることを発見したことで有名だが、進化論においてもダーウィンに多大な影響を与えた一人だ。実はダーウィン進化論の骨子である「自然選択説」自体は、ウォレスが1857年にすでに発表していたのである。

その後、1859年に『種の起源（On the Origin of Species）』が出版され、進化論といえばダーウィン、ということになったわけだが、ウォレスは終生ダーウィンと良好な関係を維持し、お互いの自然観、進化論の視点について敬意を示し合っていたとされている。

では、なぜラマルクやウォレスではなく、ダーウィンの提唱した「進化論」が理論として広く受け入れられたのだろうか？　一つには、ダーウィンの進化論は「個」に立脚したものであったのに対し、ラマルクやウォレスは「環境」や「地理的要因」が種もしくは変種など大きな集団に作用する、と考えた点が大きいのではないだろうか。

19世紀のヨーロッパは、伝統的なキリスト教の世界観からよりグローバルな視点へと転換している過渡期にあった。大きな集団レベルから「個」のレベルにさまざまな評価の基準がシフトしていたタイミングだったのだ。

ダーウィンは1831年から1836年までの5年間にわたり、軍艦ビーグル号に乗ってブラジル、アルゼンチン、ペルー、チリ、そしてエクアドルの「ガラパゴス諸島」、ニュージーランド、オーストラリアを調査した。

有名なガラパゴス諸島のダーウィンフィンチは、同じフィンチという小鳥であっても、食料資源が島ごとに変わることで個体間の競争の程度が変化し、それにより形態や機能が分化し「種分化」が生じたことをダーウィンに教えてくれた。

ちなみに、ダーウィンは調査中のアルゼンチンやアンデスの山中で何回か感染症（おそらくシャーガス病）にかかり、生死の境をさまよっている（僕が学生の頃は「これを『ダーウィン熱』と呼んでいる」と教えられたのだが、今、ネットで検索しても「ダーウィン熱」という単語は出てこない)。

そして、1836年にイギリスに帰国。以降、長いこと体調不良に悩まされ、その後の生涯でイギリス国外に調査に出ることはなかった。ロンドン近郊の農場で家畜の育種研究を行ったり、たまたま訪れた親戚の家で見つけたミミズのフンの観察を地道に続けたりして過ごしたという。

そして、ビーグル号の調査から20年以上が経過した1859年に『種の起源』を発表。膨大なデータとそれに立脚した推論から見事な論を組み立て、世に打ち出したのだ。

ダーウィン「進化論」の影響

ダーウィンの「進化論」以前の西洋のキリスト教社会は、神が万物を創造し、すべてデザインしたものであるとされてきた。現在、生き残っている生物は、大洪水の際にノアの箱舟で生き残ったものだけと考えられてきた(「なんで神様がデザインしたのに大洪水が起きていろんな生物が滅びちゃうんだよ!」なんてツッコミは野暮というものだろう)。

しかしながら19世紀に入り、科学技術が進歩し、大陸間の移動が活発となり、多くの事象を観察できた先駆的な人々は気づくのである。

地球上の環境は決して不変なものではなく流動的で、変異しながらそれに合わせて生物が見事な多様性を見せている、ということに。

このことは、伝統的な宗教観にとって大きな試練となった。不安な心持ちになっていた伝統的および保守的なキリスト教徒にとって、1859年の『種の起源』の発表はまさにとどめの一撃のようなもので、到底、受け入れられるものではなかった。

発表直後から、キリスト教の教会や信徒、一般市民から猛烈な批判を浴びた。ダーウィンの胴体が猿になっている有名な風刺画があるが、これは、「人間は神の子であり、人間の祖先が猿だなんて、堕落した恥じるべき考え方だ」ととらえたからだ。

ダーウィンは「人間の祖先が猿だ」などと一言も言っておらず、「共通祖先」という考え方があまり理解できないのだろう。ともあれ、あの有名な風刺画は現在であれば立派なヘイトスピーチだ。あんなものを堂々と大新聞に発表して個人を攻撃するなんて、やはりとんでもない時代であったとしか言いようがない。

しかし残念ながら、そうした批判やヘイトは、21世紀の現代でもそこここに残っている。

僕が初めてアメリカに研究員として赴任したテキサス州オースティンでは、進化論を公式には認めておらず、公立学校の教科内容から除外もしくは創造説との両論を併記していた。それを知った時、「アメリカって先進国じゃなかったんだっけ?」と心底驚いたものだ。進化論を教えた学校が問題になったり、進化論を公的に論じた人々を罵倒《ばとう》するデモがあったりと、テキサスでの日々は僕のアメリカに対する認識を大きく変化させたものであった。

「適者生存」と「自然選択」

ダーウィンが確立した進化論の骨子は、「適者生存」と「自然選択」という二つのキーワードにある。

「適者生存」とは、その環境に適した個体がより多くの子どもを残すということ。「自然選択」とは、その環境に適した形質は長い時間、多くの世代をかけて自然に多く残っていくというものだ。

我々が生きているこの世界に存在する生きものは、試行錯誤しながら環境に合わせて変化したり変化しなかったり、生き残ったり生き残らなかったりしている。生き残ったものが勝者で、生き残らなかったものが敗者というわけではなく、ただ単純な現象としてそうなっているということだ。

ただ、適者生存と自然選択（自然淘汰《とうた》）という言葉はあまりにも語感が強く、勘違いや誤解が生まれてしまった。

適者生存も自然選択も「優れたものが生き残る」ということでは決してない。誰かが（神様のように）優劣をつけているわけではない（もしそうなら宗教と変わらなくなってしまい、科学ではなくなってしまう）。

進化は必ずしもよい方向を目指すわけでも、目的を持って変わるわけでもない。しかも、その変化には膨大な（時には数千万年単位の）時間を要する。

世代を何万と重ねるうちに、環境に合ったものが生き残るわけだけれど、決して、ある特性を持ちえたものだけが、あたかも〝勝者〟として残るわけではない。多様な部分もちゃんと残る。これが重要だ。

みんな、キリンの首が長いと思っているかもしれないけれど、首が短いキリンもいるし、ものすごく首の長いキリンだっている。

変化し続けるのも、変化しないのも、賢いのも賢くないのも、強いのも弱いのも、環境に適応できていればその特徴は長く残る（ちなみに、賢い／賢くない、強い／弱いに優劣はない)。

一方で、環境に適応できなければ、ゆるやかに何世代もかけて少しずつ減っていきますよ、というだけのことなのだ。

ハキリアリもムカシキノコアリも「適者」

こうした進化の概念を理解するのに、僕が研究対象としているハキリアリを含むキノコアリ(菌食アリ)は最適だと思う。

キノコアリが地球上に出現したのは6500万年前だと言われている。大規模な地殻変動がありゴンドワナという超大陸から南アメリカ大陸が分離し、ユカタン半島近辺に隕石《いんせき》が衝突した、いわゆる「ジャイアントインパクト」が起こった時期だ。

大型恐竜をはじめ、さまざまな生物の種が絶滅し、そして新たな種が出現した時期に、キノコアリも出現した。

そして現在、キノコアリは20属約250種あまりいるとされている。僕らが「ムカシキノコアリ」と呼んでいる、起源に近い「ハナビロキノコアリ(*Cyphomyrmex rimosus*)」

などの仲間は、一つの巣にいる働きアリの数が30～50個体と少なく、小さなキノコ畑を作る。労働は年齢によって分業されるだけのシンプルな社会だ。

一方、起源に近いキノコアリが登場して、数千万年後に登場したハキリアリは、もっとも分化した特徴を持つ。数百万個体を抱える巨大なコロニーを作り、働きアリの分業は進み、個体サイズも２㎜から１・５㎝と多様で、なんと10を超える働きアリのクラスが存在する（巻頭写真⑫参照）。体の大きさによって役割が決められる、複雑な社会になっている。

ハキリアリは、俗に言う「進化した」キノコアリだ。でも、起源に近いムカシキノコアリもちゃんと残っている。どちらも今、適者となりこの地球上に存在している。そこに優劣はない。僕にとっては、ムカシキノコアリもハキリアリも興味深い研究対象であり、そして、愛《いと》おしい存在だ。

遺伝と進化ってどう関係するの？

ダーウィンの「適者生存」と「自然選択」という考え方にはある限界があった。それは、「遺伝」という現象をダーウィンは知らなかったからだ。しかし、よくよく考えてみるとむしろ、遺伝現象の詳細なメカニズムがわかっていない時代に、よく進化論を構築できたものだと驚嘆してしまう。

その後、ダーウィンの進化論の〝限界〟は補完され、進化に関する遺伝、もしくは遺伝子レベルの研究は進むのだが、そこに大きな功績を残した二人の日本人研究者がいる。それを説明する前に、遺伝・遺伝子・ＤＮＡについての基礎的な話をその発見の歴史にそって見ていきたいと思う。ただ、これらは大学の初年度の講義でも理解できる人とまったく理解できない人に分かれる。今回、１０２ページのコラム②で遺伝にかかわる基礎の基礎をまとめたので、そちらを先に読んでいただくのもいいだろう。

では、心していこう。

有性生殖によって親から子へ、あるいは無性生殖生物では分裂することによって、「次の世代になんらかの特徴（これを形質と呼ぶ）が伝わる現象」を「遺伝」と言う。

どのように形質が遺伝するのかを世界で最初に発見したのは、有名なメンデルさんだ。メンデルさんは大学の研究者ではなく聖職者で、修道院の畑で栽培していたエンドウマメの形や色にさまざまな変異があることに気づく。そして、実験を重ね、変異が次の世代にも受け継がれていることや交配させると出現する頻度にパターンがあることを発見した。

これが「メンデルの遺伝法則」として知られることとなる。メンデルの遺伝法則を超絶ざっくり説明すると、「表に出やすい形質と出にくい形質があり、その比率は３：１に分かれる」というものだ。

日本語では長く、この表に出やすい形質を優性、出にくい形質を劣性と表現してきたが、現在では「顕性《けんせい》」「潜性《せんせい》」と表現することになっている。

しかし、この３：１という数値は実際にはいろいろと問題がある。メンデルが発見したこの現象は、たまたまエンドウマメの形や色が一つの遺伝子で制御されているために起こったもので、その発見は奇跡的な偶然の産物だったのだ。

僕が高校時代、生物の授業で教わった「１遺伝子１酵素説」もまさにメンデルの発見がベースになっている。当時、遺伝子の機能は酵素を作ることで、一つの遺伝子が一つの酵素を決めると考えられていたのだ。

僕は「本当かなぁ？　もしそうだとすると遺伝子の数は膨大になると思うけど」と先生の説明を半信半疑で聞いていたのをよく覚えている。

ちなみにメンデルが遺伝法則を発表したのは1866年で、ダーウィンが進化論を発表した7年後だ。ダーウィンもまだ存命中だったけれど、お互いの説が影響を与え合った痕跡は存在しない。

動物の遺伝に関しては、ショウジョウバエの眼の色の研究がよく知られている。「動物遺伝学の父」と呼ばれるトーマス・ハント・モーガン博士による研究である。モーガンはショウジョウバエの眼の色が、ごく稀に白くなることを発見し、その頻度を膨大な飼育実験から解明した。その発見・発表は1913年で、メンデルの遺伝法則が再評価された直後だった（メンデルの遺伝法則は長い間、その重要性が理解されなかったのだ）。

余談になるが、モーガンは、もともとはプラナリアの再生を研究していた。ただ、それがまったくうまくいかずプラナリアのエサとして飼育していたショウジョウバエの中に突然変異個体をたまたま見つけ、大発見をものにしたのである。

人間、何が幸いするか、わからないものだ。

さて、現象レベルから遺伝の法則が徐々に解明されつつあった20世紀初期であるが、遺伝をつかさどる物質の解明にはもう少し時間が必要であった。ワトソンとクリックがDN

Aの二重らせん構造をX線撮影で明らかにし、『Nature』誌に発表したのは1953年のこと。DNAの構造がわかったのは今からわずか70年前の話なのだ。しかし、一度ブレイクスルーが起こるとその後の科学の発展はすさまじいものがある。

続いて、一つのアミノ酸（タンパク質の原料、旨み成分などでもよく知られる）を作る指令を出す「コドン」が発見される。

コドンはDNAの塩基――アデニン（A）、チミン（T）、グアニン（G）、シトシン（C）の膨大な配列の中の三つの単位のことだ。このコドンがアミノ酸を作る指令書となり、地球上に存在する21種類のアミノ酸を最少で50個ほどつなぎ合わせ一つのタンパク質を作る。人間には10万種類以上のタンパク質が存在し、髪の毛や骨、歯、皮膚、関節、酵素や毒にいたるまで、ありとあらゆる生命現象の基盤を形作る材料となる。

タンパク質は生命の構造を真に支える重要な物質で、遺伝子はそれを作り出す指令を出す命令書。ただ、遺伝子は突然変異を繰り返していて、DNAは脈々と受け継がれた「適応」の道筋を示す地図でもあるのだ。

2003年に約3000億円の予算と10年の時間、そして世界中の数千人もの研究者を

ゲノム・染色体・遺伝子・DNAの関係

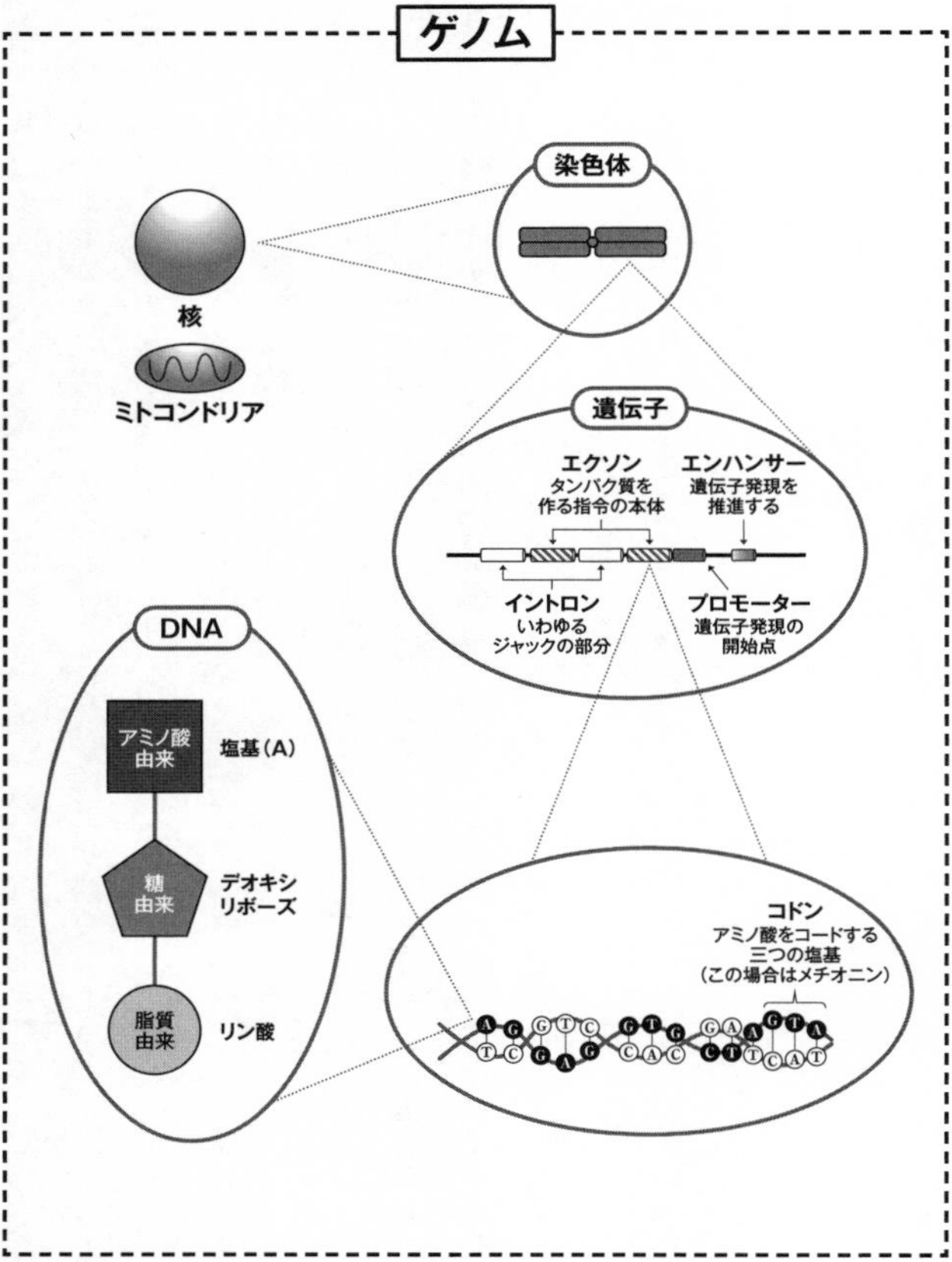
ゲノム
染色体
核
ミトコンドリア
遺伝子
エクソン
タンパク質を
作る指令の本体
エンハンサー
遺伝子発現を
推進する
イントロン
いわゆる
ジャックの部分
プロモーター
遺伝子発現の
開始点
DNA
アミノ酸
由来
塩基（A）
糖
由来
デオキシ
リボーズ
脂質
由来
リン酸
コドン
アミノ酸をコードする
三つの塩基
（この場合はメチオニン）

投じた「ヒトゲノム計画」が完了した。これによりヒトの30億塩基対のすべての配列が明らかになった。そこには約2万2000しか遺伝子はなく、一つの遺伝子がいくものタンパク質を「コード」していることが明らかになった。「1遺伝子1酵素説」に疑念を抱いた僕の高校時代の直感は正しかったのだ。

そして現在、ゲノム（遺伝情報の総体）だけではなく、そこから作られるすべてのタンパク質（プロテオーム）、さらにはすべての代謝産物（メタボローム）まで研究は拡大している。

進化を加速させる倍化現象

さて、これがこれまでの「遺伝」、「DNA」、「遺伝子」、「ゲノム」の簡単な研究の流れである。これらが「進化」とどうつながっていくのか、日本人の科学者がどうかかわっていくのかに話を移したいと思う。

まずは一人目の研究者、大野乾《おおのすすむ》博士である。大野博士の発見の中で、まず注目したいのが「進化における遺伝子重複説」だ。大野博士はＤＮＡが発見されてからわずか15年あまりのちの１９７０年に『Evolution by Gene Duplication』を出版。

そこで、特に脊椎動物では倍数性の変化など遺伝子が重複することによって、タンパク質を作るレベルも多様化し、爆発的な機能の分化、つまり進化が促進されるという斬新な仮説を発表したのだ。

いったい、このような仮説をどうやって１９７０年に発想するのか、想像すらできないのだが、この遺伝子重複説は１９９０年代以降のゲノム解析技術の進歩により、次々に証明される。

たとえば、ウニやヒトデなどの棘皮《きょくひ》動物と魚類を比較すると、ゲノムが3倍化したことがわかっている。

また、体の軸を決め、足や胸を作る指示を出す「Ｈｏｘ（ホックス）遺伝子」のクラスターが重複することで、足の数が倍になったりする。ダンゴムシの足が14本で、トビズムカデの足が42本など、多足類の足の数に7の倍数が多いのはそのためだ。

通常はゲノムが倍化すると生きられないケースが多い。しかし、植物や魚、プラナリアなど倍化を受け入れられる生物は、ちまちまと形質が変わるのではなく、ごそっと倍になることで、進化過程をジャンプするように構造が複雑になる。そんなミラクルな現象を大野博士は理論化したのだ。

多くの人は疑問に思うだろう？　「なんで、倍化するの？」と。

現在のところ、約５億４０００万年前に起きたカンブリア大爆発によって、環境が激変し、その際に起こったさまざまな劇的変化の一つがゲノムの倍化現象だと考えられている。ただ、真の意味での「なぜ」かを知るのは不可能に近く、進化に対して「なぜ」と問われた時、僕たち研究者が答えられるのはその道筋だけだ。

そもそも、進化に目的はない。「環境に合わせていったらこうなった」というだけの話。生物というのは、なんらかの意図を持ってデザインされたわけではないし、何かの目標に向かって発展し続けるような存在でもない。

多様性に効く「ジャンクＤＮＡ」

さて、大野博士の話に戻ろう。遺伝子重複説とともに博士の大きな発見が「ジャンクＤ

NA」の提唱である。ゲノムの中にはタンパク質を作る指令を出す「機能する」部分と、まったく何をするのかわからない「ジャンク」な部分がある、と大野博士は指摘。そして、そのジャンクな部分がゲノムのほとんどを占めているはずだ、とも提言したのだ。

それは、2003年に完全解読されたヒトゲノムプロジェクトでも証明された。ホント、どんな千里眼なのかと驚かされる。

30億の塩基対にはジャンクな配列がいっぱいあって、タンパク質を作る指令書となっているのはたった2％。2万2000の遺伝子をつなげて30億の塩基対になるわけではなく、ほとんど中がスカスカの状態であることが明らかになったのだ。

また、生物にとって大事なタンパク質を作るよう働いていた「機能遺伝子」も、紫外線や放射線を浴びたり、環境のいちじるしい変化によって、たとえば「A」から「C」に変わってしまったりといった突然変異は、よくある。

すると、コドンの並びが変わって、できるタンパク質が変わったり、そもそもタンパク質が作れなくなったりすることもある。

いずれにせよ重要なのは、ジャンクDNAは、不要な〝ガラクタ〟ということではまったくないということ。むしろ「調節領域」として多様性を生み出す可能性を残している。

それが進化にかなり効いているのだ。

ダーウィン進化論を補完した「中立説」

もう一人、ぜひ紹介しておきたい研究者が木村資生《きむらもとお》博士である。彼の発表した「遺伝子進化の中立説」を初めて知った時は、なんとアジア的な中庸説なんだろうと感心したものだ。

ダーウィン進化も本質的には、「進化の方向性に関して定まったものはない」としている。しかし、「環境に合わせて適切な遺伝配列がセレクトされる」と考えられていた。

一方、木村博士はゲノムの大半を占める部分は、次の世代に対して良い悪いといったものは存在せず、中立だと仮説。そして、ランダムに起きる突然変異が、遺伝的浮動（ジェネティックドリフト）によって、徐々に集団内に広まっていくだけだ、と唱えたのだ。

我々が「種」と呼んでいるものの総体も、言うほど均一ではなく、バラつきはいっぱいある。８割くらいが代表値である形質・特徴を持っているけれど、揺らぎがあると言うのだ。

先ほど、キリンの首の話をしたが、「環境に適応できた首の長いキリンが子孫を残して、キリンの首は長くなった」と言うのがダーウィンなら、「キリンってだいたい首は長いけど、首が短いキリンもいるし、ものすごく首の長いキリンだっている」と言うのが木村博士の中立説なのだ。

ただ、木村博士の中立説に対して、ダーウィン進化論を信奉する研究者からは、「そんなことはありえない！　それではどうやって有意な形質が選択されるというのだ！」といったかなりヒステリックな反応が寄せられた。

しかし、これは対立仮説ではない。ダーウィンの時代には残念ながら「遺伝」や「遺伝子」、「ＤＮＡ」が発見されていなかった。まさか遺伝する物質の大半がジャンクな部分で、そこには自然選択が機能しようがないなんて、ダーウィン大先生も想像すらできなかったのだから。

その後、さまざまな理論研究や実証研究から、遺伝子進化の中立説は証明されてきた。それは生物の多様性や予測不能な環境変動に対応するための「予備的な」機能を温存するために非常に重要なものであった。

ダーウィン進化論ではカバーしきれなかった「多様性創出」や「劇的な環境変動」に、これまで生物が対応してきたメカニズムを大野、木村の理論は見事に説明した。ダーウィン進化論と重複説、中立説を組み合わせることによって初めて進化論が、理論体系として完成したのだ。

実を言うと、このダーウィン進化論の弱点――多様性を作り出すメカニズムの欠如を早くから指摘していたのが、あのファーブルだ。フランス人のファーブルは理屈っぽいイギリス人のダーウィン進化論が大嫌いで、ことあるごとにいちゃもんをつけていた。

フィールドで膨大な昆虫を眉毛がひん曲がるまで（これは実話です）、観察し続けたファーブルは、「多様な昆虫の世界が適者生存や自然選択だけで説明できるわけはない！」と喝破していたのだ。大野氏と木村氏の成果をファーブル先生に読んでもらえれば、「ふむふむ、やはりな」と満足していただけるのではないかと思っている。

ビジネスや自己啓発に利用される「進化」

「進化」は決して、「改善」「進歩」「発展」ではない。本章冒頭の例文だって「テクノロジーは発展し、社会も我々も変化してきた」とすればいいだけの話。

「激しい時代の流れに適応し進化していかなくては勝ち残れない」は、そもそも誤りだ。「適応」はあくまで進化の結果にすぎず、適応したから進化するわけではない。

しかし、そうはいっても、「進化」という言葉は、ビジネスや自己啓発の世界と相性がいい。

ビジネスの世界で財を成した人、ひと昔前で言う「勝ち組」の人は、厳しい経済環境の中を自ら切り拓《ひら》き、サバイブしてきたという自負が強いのだろう。自分は環境に適応し、生存競争を勝ち抜いてきた選ばれし者であり、今の社会でうまくいっていない人間は変化に適応できなかった、淘汰された弱者だと考えてしまうのかもしれない。

しかし、これは生物学的には別に自然選択でもなんでもない。生物学的意味であれば、適応的な形質は集団中に数が増えるわけだから、世の中「勝ち組」が多くなるはずだ

ただ、人間が勝手に作った経済社会では、不思議なことに「勝ち組」は少数でなければ

ならない。その少数が利益を独占することが「成功」の定義だ。不思議な話だ。自ら進化の枠組みから外れていって、少数派になりたいなんて。

とにかく「自然選択」や「淘汰」という言葉については、誤ったイメージが定着してしまっている。「自然選択」は、今、存在しているものをふるい落としていくわけではなく、世代を重ねていくうちに、だんだん環境に合わない特徴が減り、環境に合う特徴が増えていくというだけである。現在、ここに存在している者たちはすでに「結果」だ。そこにセレクションがかかるも、かからないもないのだ。

ちなみに、やはりビジネス界で比喩《ひゆ》的に用いられる「弱肉強食」という言葉も、生物学的には定義不足である。弱肉強食は「弱い者が強い者に征服される意」（三省堂『新明解国語辞典』）だけれど、この地球の生きもののあり方を正しく表現するなら、「全弱全食」だ。

言葉を持ち、道具を作り、文明を築いた人間がいちばん強いと思っているかもしれないけれど、目に見えないウイルスにやられてしまうことだってある。菌類や細菌類に感染して死んでしまうことも多々ある。じゃあ、ウイルスや微生物がいちばん強いのかというと、そういうわけでもない。みんな、弱くて、最後には誰かに分解されちゃうのだから、キリキリと神経質にこだわるのではなく、この自然の世界を最後まで堪能し尽くせばいいのだ。

進化論の誤読のおそろしさ

「一般的に使われる『進化』という表現が、生物学的な『進化』の定義からズレていても、それはそれでまぁ、別にいいんじゃないの?」

そう思うかもしれない。ただ、その意見について僕は「そうかもね」とは決して言えない。

「進化」の誤った理解は、人間の持つ恐ろしい選民思想・優生思想をくすぐる。為政者や成功者が「進化」を誤った理解で使い出すと、弱者を切り捨てる社会になってしまう危険を孕《はら》んでいるからだ。

実際、本当に大丈夫だろうか?と心配になった出来事がある。2020年、自民党広報は憲法改正の必要性をPRする4コマ漫画を制作、SNSにアップした。それは『もやウイン』というおそらく、ダーウィンをイメージしたキャラクターが若い男女に憲法とは何かを説いていく物語で、第一話ではこんなことが言われている。


「ダーウィンの進化論ではこういわれておる」

「最も強い者が生き延びるのではなく　最も賢い者が生き延びるのでもない。唯一生き残ることが出来るのは　変化できる者である」


そもそも、「生き残ることができるのは最も強い者でも最も賢い者でもなく、変化できる者だ」と、ダーウィンは一切言っていない（どうやら、アメリカの経済学者が間違って解釈して発表した論文から引用されたらしい）。

そして、「生き残ることができるのは（略）、変化できる者だ」のどこが間違っているかは、ここまで説明したとおりだ。

一瞬でわかる誤用だけれど、この投稿を見た時、僕はけっこうなショックを受けた。

僕が大学４年生になってアリの研究をはじめた頃（１９９０年代初頭）、進化について専門書を開くと、そこにはこの理論の危険な力と不幸な歴史について、必ず言及されていた。

1859年にダーウィンが『種の起源』で提唱した「適者生存」と「自然選択」という言葉は、為政者たちに都合のいいように解釈されてきた歴史があるからだ。

その最悪の事例が、第二次世界大戦中ドイツの独裁者であったヒットラーだ。彼は、ナチズムを広めるための理論的支柱として進化論を利用した。

曰く、優秀なゲルマン民族は、進化論的に考えて適者である。

曰く、劣等民族であるユダヤ人は淘汰されるべき存在である、と。


この恐ろしく歪《ゆが》んだ選民思想により数百万人とも言われるユダヤ人が虐殺された。この不幸な恐ろしい過ちを二度と繰り返さないよう、第二次世界大戦後の世界では進化論を政治に持ち込まないこと、生物学者が進化の概念を言い換える時や、説明する時は細心の注意を払うことが、繰り返し注意されてきたのだ。

だから、僕も「政治家もきちんとリテラシーがあるはずだ」「進化論が政治に持ち込まれることはないだろう」と考えていた。でも、戦後70年が経過し、ありえないことが起きた。僕らはあまりに無邪気すぎたのかもしれない。

『もやウィン』に関して集まった批判に対し、党の重鎮は「そういうご意見が出るところが民主主義の世の中であって、この国のよさだ。おおらかに受け止めていったらいいんじゃないか」「ダーウィンも喜んでいるだろう」と擁護した。そして、『もやウィン』は本稿執筆時点で、いまだに撤回されることなく公開されている。

ダーウィンが確立した進化論、そして、木村博士が提唱した「分子進化の中立説」によって明らかになったのは、進化のプロセスは「多様性」を生み出すということだ。

繰り返すけれど、変化し続けるのも、変化しないのも、賢いのも賢くないのも、強いのも弱いのも、環境に適応できていればその特徴は長く残る。非常にシンプルな話だ。

選ばれし者だけの、いわゆる「強者」だけの世界を目指そうとすることは、社会性生物の強みを捨てることだ。完全単独性のホッキョクグマのように生きたいのだろうか？　他者とかかわるのは交尾する時だけで、子育て中の母子以外はほとんど単独行動。さほど体も強くなく、精神的にも脆弱《ぜいじゃく》な人間が、そんな生き方に耐えられると本気で思っているのだろうか。

人は弱い。弱いからこそ助けて助けられながら生きている。多様な存在をありのままに受け入れ、協力しながらこれからも細く長くこの地球上に存在し続けられたら、いいなぁ。

「進化」をめぐるトンデモ理論をチェック!

「進化」という言葉は、意図的なのか、知識不足なのかはわからないけれど、残念ながらいろいろなところで都合よく使われ利用される。それに騙されないよう、惑わされないよう、リテラシーを高めてもらいたい。

以下、進化について、トンデモ理論かどうかを判断するチェックポイントをまとめた。どうか、覚えておいてほしい。

□進化には決まった目的やゴールがあるわけではない。
効率や幸福、利益などといったものに生物の特徴が集約されるということはない。

□人の一生の変化は進化ではない。
世代を少なくとも数千世代重ねないと何もわからない。

我々が生きている間に起こる変化はただの変化だ。

□「選択」や「適応」は誰かが神のように裁きを行い、罰のように下されるものではない。

□今あるとても「良い」形質は次の世代に必ず引き継がれるわけではない。

□生物は種の繁栄を目指して進化するわけではない。
生物に「種」を認識する能力はない。
最大限拡大解釈しても地域集団レベル程度でしか、利益は共有できない。

コラム❷ 遺伝、遺伝子、DNA、ゲノムをふんわり理解しよう

「遺伝」とは何か？

遺伝・遺伝子・DNA・ゲノム……生物の授業で聞いた覚えはあるし、なんとなくぼんやりとわかったような気になっているけれど、ちゃんと説明できるかというと自信はない、という人は多いと思う。僕たちの体の、0.01㎜以下の細胞の中で起こっている現象であり、決して目で直接見ることはできない。イメージしにくいし、確かに難しい話だと思う。

しかし、「進化」をめぐるトンデモ理論に騙されないためにも、「進化」にかかわる基礎知識としてぜひ、理解しておいてもらいたい。ということで、本コラムでは「村上先生の理科の授業特別編」として、「遺伝」のメカニズムを改めて解説してみようと思う。

まず、「遺伝」とは何か？「遺伝」という現象は、メンデルさんが発見したように、「いろんな外部の形や内部の機能などの特徴――形質が次の世代に伝わる現象」を指す。では、どうやって形質が次の世代に「遺伝」するのか？

動物や植物、菌類の体は細胞からできている。細胞の一つひとつに核があり、その核の中に「染色体」が入っている。その染色体をさらに拡大してみると、そこには二重らせん構造になった「DNA」がギュッギュッと折り畳まれて収納されている。

そのDNAの二重らせんの原料が、アデニン(A)、チミン(T)、グアニン(G)、シトシン(C)という4つの塩基で、AとT、GとCがペアになる。

学生時代、「DNA」のことを「デオキシリボ核酸」と暗記した人は多いと思うけれど、「デオキシリボ核酸」という単一の物質があるわけではなく、DNAはデオキシリボースという糖質と脂質由来のリン酸とアミノ酸由来の塩基(A・T・G・C)から構成されている。

これが、生物の遺伝をつかさどる物質の材料であり、設計図となる。

材料が揃《そろ》ったところで、何を作るのかというとタンパク質だ。タンパク質は生物の体のさまざまな部位のもととなるもので、生命活動に大きくかかわっている。内臓も皮膚も髪の毛もタンパク質でできているし、消化や吸収、代謝などを促す酵素もタンパク質。人間の体で水の次に重いのがタンパク質だ。

タンパク質は21種類あるアミノ酸が、最低でも50個くらいつながってできる。その指令となるのがDNAの塩基配列に記された情報で、それが「遺伝子」というわけだ。

「だったら、DNA＝遺伝子なのでは？」と思うかもしれない。混乱しがちなポイントなのだけれど、DNAの塩基配列すべてに、必要な情報が乗っているわけではない。むしろ、何をするのかわからない配列のほうが圧倒的に多い。だから、DNA＝遺伝子ではなく、DNAという物質の中でタンパク質を作る指令を持つ領域、およびその情報が「遺伝子」なのだ。

ちなみに、生命の材料――デオキシリボースとリン酸と塩基は、どんな生きものでもぜんぶ一緒だ。だから、たとえば、人間の体の中にウニの遺伝子を入れて置き換えることができるし、オワンクラゲの発光にかかわる遺伝子を人間に入れれば、我々も光を放つことができる。もちろん、人間に対しての遺伝子組み換えは倫理的に禁じられているから、実際に光ることはできないけれど、緑色に蛍光するネズミは研究室でたくさん作られている。

ウニもクラゲも人間も、思っているほどは違わない。それはすごいことだ。

一度ここで、おさらいしよう。

・遺伝――形質や機能が次世代に伝わる現象のこと
・染色体――DNAが折り畳まれて入っている構造体
・DNA――遺伝のための原材料であり設計図

・遺伝子——DNA上にある「あるタンパク質を作る指令」の書かれた領域

遺伝のための原材料物質が「DNA」で、タンパク質を作る指令「遺伝子」によって、メンデルさんが発見したようにいろんな外部形態や機能が次の世代に伝わる。その現象が「遺伝」だ。ちなみにゲノムとは「遺伝情報の総体」を指す。ヒトは30億、マウスは25億、ウニは8億1400万塩基対など、現在、さまざまな生きもののゲノム解析が進められている。

タンパク質の作られ方

さて、ここまでついてこられているだろうか? 大丈夫だと信じて、話をもう少し進めたいと思う。DNAという設計図と遺伝子の指令をもとに、どのようにしてタンパク質は合成されるのか?

その具体的な指示書となるのが「コドン」だ。A・T・G・Cの塩基配列のうちの三つの連続した塩基のことで、3塩基が1セットとなり、一つのアミノ酸を作るための情報となる(これを「コードする」と言う)。

塩基は四つあるので、4×4×4でコドンは64通り存在する。ただし、アミノ酸は21種類。つまり、一つのアミノ酸に対し、複数のコドンがある。

たとえば、メチオニンをコードするのは「ATG」だけだが、アスパラギン酸は「GAC」「GAT」の2種類、アルギニンは「CGT」「CGC」「CGA」「CGG」の四つのコドンによってコードされる。

コドンによって一つのアミノ酸がコードされるわけだが、DNAだけでは完遂できない。そこに登場するのが「RNA（リボ核酸）」だ。RNAはDNAよりかなり短い配列で、核内や細胞内をふわふわ浮遊している。機能としては、遺伝子の情報を転写（コピー）、運搬、翻訳、することだ。

「このタンパク質を作れ！」という指令がくだると、DNAの二重らせん構造がほどけて、RNAは必要な配列だけをコピーする。この時働くRNAが「mRNA（メッセンジャーRNA）」だ。RNAの塩基はA（アデニン）、U（ウラシル）、G（グアニン）、C（シトシン）の四つ。AとU、GとCが対になり、コピー機で写しとるようにDNAの配列を転写したRNAは、その後、細胞核の外にでて、リボゾームという器官に移動をする。この移動の時に働くのが「tRNA（トランスファーRNA）」だ。

無事にリボゾームにたどり着くと、転写された情報が「翻訳」されA・T・G・Cに戻り、その情報をもとにアミノ酸がつながり、タンパク質が合成される。

つまり、我々の細胞の中にはRNAがふわふわ存在していて、「タンパク質を作れ!」という状態になったら、DNAにくっついてコピー（転写）をし、リボソームまで運んで、タンパク質を合成（翻訳）する。こうした流れでタンパク質が作られ、我々の体ができる。そして、その情報は生殖細胞を介して、次の世代へと受け継がれる。

意外と身近な「遺伝」の話

このRNAを活用したのが新型コロナウイルスに対するワクチンだ。抗体を作るスパイクタンパク質の設計図となるmRNAを人工的に作って、我々の体の中に打ち込み、抗体を体の中に作ることで、予防や重症化を防いでくれた。

RNAはもともと分解されやすい性質を持つ。そのため、研究でRNAを抽出する時は、細心の注意を払って（マスク、手袋、念入りな消毒、特殊な試薬、マイナス80℃での保存）実験を遂行する。

そんな取り扱い注意のRNAをしっかり保存できるかたちで生成し、マイナス80℃で冷凍保存したものを解凍して、冷蔵で10日間も保ち、さらにそれを体に打ち込んで、体内のさまざまな免疫システムを超え分解されずにDNAにたどり着き、必要なところでコピーをし、リボゾームまでいって転写してスパイクタンパク質を合成して抗体を作る——構想段階ではとても楽しいだろうが、実用化しようとなるととんでもなく困難な壁が待ち受けている。そんな壁を乗り越えて開発された画期的なワクチンだ。ノーベル賞を取っても当然だろう。

「コロナのワクチンにはマイクロチップが仕込まれていて、5G通信で操作される！」

当時、そんなデマというか陰謀論が流布した。サイエンスの世界にいる人間にとっては、わけがわからないというか、むしろ、その想像力に驚くばかりだが、一定数、信じる人がいるのは、やはりDNAもRNAも目に見えない、わかりにくいものだからだと思う。

また他方で、ウイルスやワクチンを研究している専門家の中にもゼロリスクにこだわるあまり、これらの陰謀論に呑《の》み込まれていった人々が複数人いた。僕らも他山の石として肝に銘じなければならない。

僕だって、ここまで説明したような、DNAによる設計図がタンパク質を作るといった流れを本当の意味で理解できたのは、実際に研究をはじめてからだ。

DNAを抽出して、それを電気泳動させて可視化するといったプロセスを何度も繰り返し繰り返し行う中で、「そっか、これはこんな構造してて、こういうふうな役割があるんだな」というのが徐々に腹落ちしていったのだ。

本当にわかりにくいと思う。でも、ワクチンのように、ＤＮＡやＲＮＡといった話は我々の生活と意外とかかわりがある。

たとえば、30代以降の特に男性にとってなじみ深い痛風。痛風は尿酸値が高くなり、尿酸が結晶化した尿酸塩が関節にたまり、そよ風が肌をなでるだけでも激痛をもよおす病気だ。

尿酸は「プリン体」が肝臓で分解される時に作られるのだが、プリン体とは、「プリン骨格」を持つ物質の総称で、ＤＮＡのところで説明した塩基のアデニン、グアニンもプリン骨格だ（ちなみに、チミン、シトシンはピリミジン骨格と呼ばれる構造）。

生物の授業でなんとなく聞いていた「ＤＮＡ」の塩基、アデニンやグアニンが、焼き鳥のレバーやアジの干物、タラコなどに入っているものだと思うと、難解な遺伝の話も少しは親しみがわくのではないだろうか？

第3章　利用するアリ　利用されるアリ

外来アリの好物はポテトチップス⁉

２０２３年、夏のはじめの7月3日、特定外来生物に指定されている「コカミアリ（*Wasmannia auropunctata*）」が岡山県の水島港国際コンテナターミナル内で確認された。国内での侵入事例は初めてである。

コカミアリは中南米原産だけれど、現在ではアメリカ、メキシコ、アフリカ、台湾、イスラエル、中米の島嶼《とうしょ》部など6つの地域に広がっている。世界的に見ても影響の大きい侵略的外来生物として知られている。

このアリは、非常に小型（体長は約１・５㎜！）で、体の色は赤茶色。ヒアリやアルゼンチンアリ、ハヤトゲフシアリのようにびっくりするようなスピードで動くこともない。一見、地味なアリだ。おそらく一般の人々が野外で見て、「コカミアリだ！」と気がつくのは難しいかもしれない。

コカミアリは、ヒアリに比べると毒性は低い。いろんなアリに刺されてきた僕だが、コカミアリに刺されたかどうかも定かではないので、おそらく痛みや痒《かゆ》みは深刻なものではないものと推測される。

しかし、毒の種類はアルカロイド系で、ヒアリ同様、化膿したような白い水ぶくれができ、場合によってはアナフィラキシーショックを起こすこともあるので注意が必要だ。

それにもまして、このコカミアリが厄介なのは、その小ささや目立たなさかもしれない。ヒアリやハヤトゲフシアリはいかにも「海外から来ました！」という風貌や動きをしているので、パッと見ただけでゾゾッとする。見慣れないものを見ると普通人間の脳は強い警戒信号を発するので、大騒ぎになる。しかし、地味で動きもゆっくりなコカミアリはあまり認識されることなく、静かに拡大していく。その結果、農地や公園などに巣を作り、農家さんや子どもたちが被害に遭うケースが多くなる。

そのため、岡山での日本初確認はそれなりに話題性を持って報じられた。が、実際に注目を集めたのは「コカミアリ」自体ではなく、「水際対策でピーナッツバターが使われた」ということだった。

この件で何件かマスコミ取材を受けたが、ほとんどが「なんでピーナッツバターを使っているのか？」というものだった。そんなに不思議なことかなぁ？

アリを誘引するのにピーナッツバターやツナ缶を使うのは、我々アリ研究者にとってはごくごく普通のこと。ほかにも、ポテトチップスやとんがりコーンなどのスナック菓子を使う場合もある。ただ、僕が九州で調査で行う時に使うのは粘着式のトラップとベイト剤、あとは目視確認で、あまり誘引剤は使っていない。

アリの食べものの好き嫌い

アリを食性で分けると大きく特定の食料源に頼る種類と、いわゆる雑食性のアリとに分けられる。一般的な雑食性のアリは、季節ごとに「好きな食べもの」の傾向が変わる。食性が季節でスイッチするのだ。夏場はより脂っこいものを好み、初冬から冬眠するまでは、糖質メインの食事を好む。これは、季節によって必要となる栄養素が異なるからにほかならない。夏場の暑い時期は、瞬間的にエネルギーを作り出さなくても勝手に分解されるので貯蔵エネルギー系の脂質が好まれ、寒くなってくるとすぐにエネルギーが作られる糖質を摂《と》る傾向にある。

アリのおなかを解剖すると、脂肪粒（脂の粒）がいっぱい入っている。解剖する際には、非常に邪魔（脂肪粒が潰《つぶ》れると視界が悪くなって解剖が捗《はかど》らない）なものだが、それはアリたちが、食べものの比較的豊富な夏の間に一生懸命蓄えたものだ。

見るたびに、真面目に働いたんだねぇ、と感心する。


また、「アリは甘いものが好きで砂糖に集まる」というイメージがあるかもしれないけれど、これも僕には不思議だったりする。僕は小学校低学年からアリを観察したり飼育したりしてきたけれど、アリが砂糖を食べているシーンはあまり印象にない。

アリに限った話ではないが、そもそも、昆虫は液体食だ。固形物は基本的には食べられない。食べているものはだいたい腸内にセルロースや外骨格由来のタンパク質を分解できる細菌やバクテリアを共生させている種類だ（代表例はシロアリである）。したがって、昆虫をエサにするアリも、別にむしゃむしゃと全部を食べるわけではなく、体液を吸っているので、残った外骨格は捨ててしまう。

固形物も溶けるものであれば、アリの胃にあたる「素《そ》のう」から消化酵素などを出して溶かして吸収できる。飴《あめ》や砂糖はそうやって食べているのだろう。

家にアリが侵入してきて困る、といった相談をかなりの頻度で受けるが、僕は防虫の専門家ではないので、本当は困ってしまう。

ただ、アリの行動の特性を考えて、いちばん簡単な方法は、食料源となる食材は冷蔵庫にしまうことだ。殺虫剤も必要ないし、そんなに手間でもない。アリの気持ちになり、「これはアリが食べそうだな」と思うものは冷蔵庫にしまってください。

ムカデ専門のハンター・ヤマトムカシアリ

変わったものを食べるアリといえば、ハキリアリだろう。葉っぱを運ぶ姿は、世界中の子どもたちを魅了するほど有名だ。アリたちは葉っぱを切って、運んで、巣の中で細かく切り刻んで、そこにキノコの菌糸を植え付ける。キノコを育て、それで幼虫や女王アリを育てる。

ハキリアリほど派手ではないものの、日本の固有種である「ヤマトムカシアリ（*Leptanilla japonica*）」も相当変わった食性をしている。

ヤマトムカシアリは神奈川県の真鶴半島などで見つかる希少種で、体長1㎜ほどの本当に小さなアリだ。僕が初めてこのアリを見たのは大学4年生の時だ。毎月東京で開催されていた社会性昆虫勉強会というかなりマニアックな集まりで、このアリの権威である増子惠一博士がコロニーを持ってきてくれたのだ。あまりの小ささに、びっくりしたことを覚えている。

このヤマトムカシアリは小さいながら集団で狩りをする珍しいアリだ。集団で狩りをすることができるアリは比較的少ない。だいたいが個人（個アリ？）プレーで襲いかかる。仕留めたあとに仲間が寄ってきて運ぶのを手伝ったり、苦戦している場合は加勢することはあるが、通常集団となって狩りをすることはほとんどない。

ヤマトムカシアリはムカデ専門のハンターだ。ジムカデなど小さなムカデに集団で群がって狩りをする様子は、なかなか迫力がある。

巣に持ち帰ったムカデを働きアリはどうやって幼虫に与えるか。通常であれば、小さくちぎって幼虫の口元まで運ぶか、一度体液などを吸ってから吐き戻してあげるかのどちらかなのだが、ヤマトムカシアリは違う。

幼虫をいそいそとつまみ上げてはムカデまで運ぶ。ムカデの体に幼虫が刺さったような絵面《えづら》になる。集合体恐怖症の人にはつらいだろうが、めったに見られない場面だ。

女王アリのエサは幼虫の体液⁉

ここまではほかのアリでもないわけではない。が、ヤマトムカシアリはここからが面白い。このアリの女王アリは何を食べているのかというと、なんと幼虫の体液をすするのだ。女王アリは幼虫の首元（というのかな？　頭部らしきもののある背中側）をキュッと甘噛みする。そうするとじわりと血リンパ液が染み出してくる。その染み出してきた血リンパ液を食料にしている。こうした食性を「血リンパ食」と言う。

増子博士の論文によれば、実際には大アゴを突き刺して「血リンパ液」を染み出させているわけではなく、幼虫の背中にそれ専用の「血リンパ液蛇口」が開いているというから驚きだ。電子顕微鏡写真を見ると、なるほど穴が開いているわけではなく、染み出しやすい構造がすでにできていることが明確にわかる。

この血リンパ食は女王アリが盛んに卵を産む時期に頻繁に見られることから、高栄養な食材として利用されていることが明らかになった。

もちろん、幼虫が干からびてしまうほど吸い取ることはない。幼虫の運命を追跡するとちゃんと傷の入った個体でも成虫になっていることがわかっている。ちょこっといただくだけだ。安心してください。

ムカシアリの仲間のほか、まったく別種の「イトウカギバラアリ」でも血リンパ食のアリが確認されている。

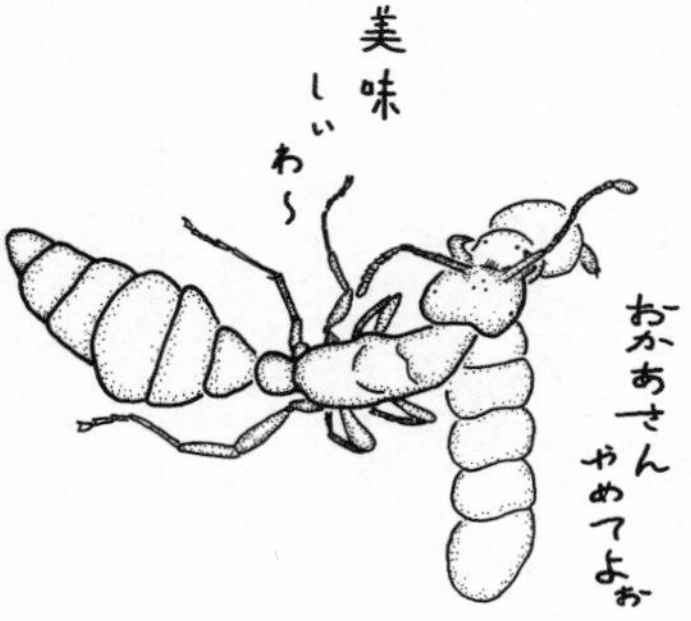
幼虫の体液をエサとする
ヤマトムカシアリの女王アリ

それにしても、働きアリがわざわざムカデを取ってきて幼虫に食べさせ、それを食べた幼虫の体液を女王アリが吸うというのは、なかなか手間のかかるものだ。しかしながら通常、幼虫とは単に世話をされるだけの存在で、コロニー内での役割はない、とされてきたが、ヤマトムカシアリの幼虫は、違う。

こんなに利他的な存在はないだろう。まさに自分の血を分け与えて、お母さんの栄養にしているというのだから、涙ものだ。これらの幼虫はきちんと独立した役割を与えられた真社会性昆虫の象徴的存在、ともいえる。

女王アリにチューチューされている時、幼虫は何を思うのか？「おい！　やめれって！　私じゃなく、ムカデを食べてよ！　お母さん!!」と思うことはないのか？　疑問は尽きないが、このような役割を幼虫に負わせたヤマトムカシアリ。日本固有種っぽいなぁと思ってしまう。

パラサイト夫婦

続いては世にも珍しい社会寄生のアリについて話をしよう。

もともとは九州熊本県内の山間部で発見され、岐阜県や石川県などに分布する「ヤドリウメマツアリ（*Vollenhovia nipponica*）」だ。

一般的に、女王アリはほとんどの活動時期でメスの卵を産む。種によって時期は異なるが、オスアリの卵は、ほんの一時期しか産まない。そして、時期がくると新女王アリとオスアリが「結婚飛行」のために巣から飛び立つ。交尾をしたら、女王アリは翅を自ら落とし、一人（一匹）で、巣作りをはじめ、一方、オスアリは息絶える。

しかし、ヤドリウメマツアリの女王アリは翅を落とさず、オスアリは死なず、生涯ずっとともに活動をする。いわば、「夫婦（めおと）アリ」だ。そんなアリ、ほかにはいない。

仲のいい夫婦のことを「おしどり夫婦」と言うが、実際のおしどりは別に生涯添い遂げるわけでもなく、オスはメスが卵を産むとすぐにどこかに行ってしまう。決して、おしどり夫婦ではない（「おしどり夫婦」の由来は実際には中国の故事に由来するらしい）。だったら、仲良し夫婦に対し「ヤドリウメマツアリのようなお二人ですね」と言えるかというと、それもまたビミョーだ。

というのも、ヤドリウメマツアリは働きアリのいない社会寄生種。カンのいい人はすでにお気づきかもしれないが、ヤドリウメマツアリは夫婦で「ウメマツアリ」に宿る――寄生し尽くして生きているアリなのだ。

もともとはウメマツアリと近縁のアリだったヤドリウメマツアリ。どうやって宿主の社会に入り込んでいくのだろうか……。

僕が初めてヤドリウメマツアリのペアに出会ったのは2019年10月。場所は宮崎県北部山岳地域の標高900m付近であった。ウメマツアリは九州ではよく採れるアリなので、採集した際は、「ウメマツアリか」と気にも留めていなかった。しかし、研究室で顕微鏡の下、観察していると、見慣れない2タイプの翅アリを発見。体の色が薄茶色で、ウメマツアリよりひとまわり小さい。なんだ、これは？

調べてみると、それこそが社会寄生種のヤドリウメマツアリだった！

ヤドリウメマツアリが日本で最初に記録されたのは熊本県で、その後、九州島では見つかってなかった。そして、実際に新種記載されたのはそれよりかなりあとの1992年、岐阜県の標本であった。分類の専門家でも生きた個体を見たことがない人がいるくらいの稀少なアリなのだ。

そして、その生態は奇妙奇天烈だ。このアリは、10～11月にウメマツアリの巣に入り込む。どうやって宿主のアリを見定めるのかは、いまだに不明だ。岐阜県の生息エリアでは50％以上の割合で寄生されているそうなのでかなりの高確率だ。

入り込んだヤドリウメマツアリの夫婦はウメマツアリたちになんということもなく受け入れられ、奇妙な共同生活がはじまる。この夫婦の仕事は、なんと卵を産むだけ。卵、幼虫、蛹の世話はすべて宿主の働きアリたちがやってくれる。

そして、これがいちばんの驚きなのだが、生まれてくる子どもたちはすべてオスアリと女王アリだけ。ヤドリウメマツアリには働きアリがいないのだ。これではいわゆる「真社会性昆虫」の定義からは外れてしまうのだが、高度な社会レベルであることは確かだ。

その後、春が来ると、夫婦揃って宿主の巣から飛び立つ。夏の間は、次に立ち寄る〝お家〟を探して夫婦で行動する。で、秋が来るとまた「おじゃまします」と入っていく。

一生フリーライダーという生き方

前著『アリ語で寝言を言いました』でも紹介したが、アリのオスは基本的に人間の目線からすると、なかなかツラい生き方だ。この世に生まれて与えられた役割は「精子の運び屋」という一点のみ。働きアリにしてみれば、遺伝的にも遠いし、食事も自分で取ってこれない、子育てもできない、巣の防衛もできない、ないない尽くしのオスアリに対し「なんで私たちが世話しなきゃなんないのよ！」と言いたくもなるだろう。オスアリはイラつく働きアリたちにつつかれたり、翅をちぎられそうになりながら、食事を与えてもらい、

オスが寿命をまっとうできる
珍しいアリ、ヤドリウメマツアリ

飛ぶための筋肉が育つまで逃げ回り、結婚飛行に飛び立ち、そして命果てる。

一方、ヤドリウメマツアリのオスは、死なずに女王と添い遂げる。アリのオスとしては幸せなのかもしれない。が、寄生されるほうはたまったものではない。

托卵《たくらん》されたコロニーは大飯食らいのナマケモノたちが増えてしまうので、弱体化してしまう。もちろん、コロニーが全滅するほどではない程度でこの「パラサイト夫婦」は出て行ってくれるので、大問題にはならないのだろうが、なぜ、ヤドリウメマツアリを排除できないのか？　その社会寄生のメカニズムについてはまだほとんどわかっていない。

しかしながら、僕が２０１９年10月に採集した「パラサイト夫婦」は人工飼育だったからかどうかは不明だが、その後1年あまり、巣の中でずうううっと交尾してばっかりいた。ほかにすることもあるだろうよ、と観察しながらため息をついたものだが、なんとも巧妙ですごい生き方だ。

遺伝的に遠い働きアリとオスアリ

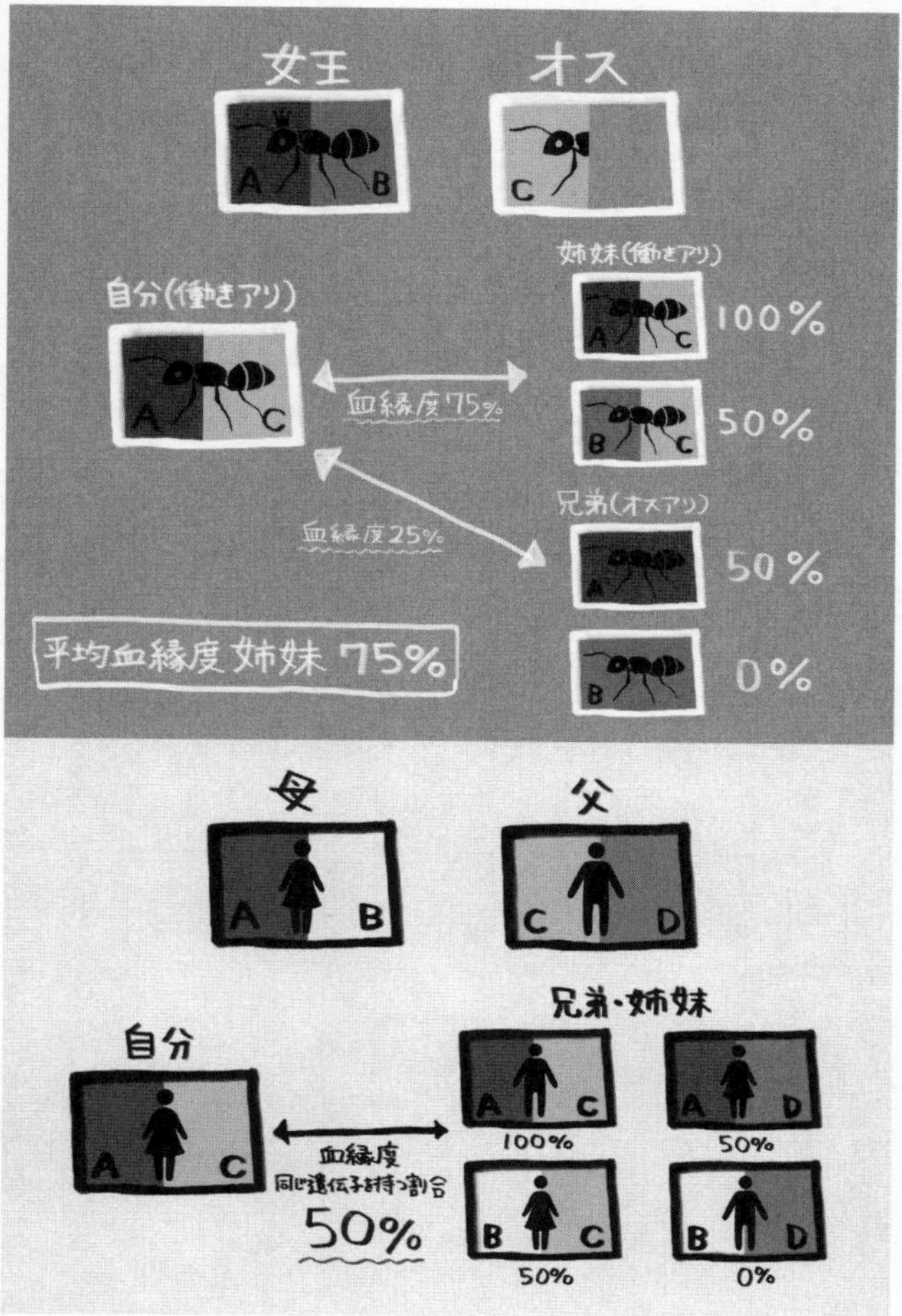

安定した真社会性の集団を持つウメマツアリが存在していたからこそ、こんな不安定な戦略のヤドリウメマツアリが登場した。フリーライダーを受け入れるアリの社会の複雑さ、多様性に深く感じ入るばかりである。

フリーライダーは、とかく人間社会では嫌われる存在だ。

「ずるい！」「卑怯《ひきょう》だ！」「ルールを守れ！」

気持ちはわかる。僕もそう思ってしまうことが多々ある。政治家がルールを破って大金をちょろまかしてもたいした処罰を受けないのに、なぜ大学教員は1円単位で研究費をガチガチに管理されて、毎年毎年破ってもいないルールに関するレクチャーを5回も6回も受けなくちゃいけないんだろう？とか思っちゃいますよね？

しかしアリの社会をめぐる騙し騙される姿には、そんな小さな人間をはるかに凌駕《りょうが》する豊かな包容力がある。

サムライアリがクロヤマアリの幼虫や蛹を略奪して、自分たちの巣に持ち帰ってしまうことも、クロヤマアリの社会としては「ありうること」として受け入れている。もしそうでなかったら、長い時間の中でサムライアリの戦略は成立せず、いわゆる「淘汰」されてしまっているからだ。長い時間残り続けているということは、きちんと社会の中に受け入れられていることを意味する。

働きアリがとりもつ女王とオスアリの絆

パラサイト夫婦にいいように利用されっぱなしの「ウメマツアリ（*Vollenhovia emeryi*）」だけれど、このアリも、とても変わっている。北海道から屋久島まで広く分布するアリで、ちょっとした自然があれば見つけることができて、決して珍しいアリではないけれど、２００６年にこのアリの女王と働きアリの決まり方について驚くべきことがわかった。

通常、女王と働きアリになる運命の違いは遺伝的なものではなく、幼虫時代に与えられる食事量で決まるとされてきた。ところが、ウメマツアリではまったく違っていた。女王アリの産む卵には未受精卵と受精卵がある。通常、未受精卵はオスに、受精卵はメスになるはずなのだが、ウメマツアリの女王は、なんと未受精卵から生まれてきてしまうのだ！

受精卵はすべて働きアリになる。どうやって未受精卵から女王が生まれてくるのか？それは、「テリトキー」と呼ばれるクローン繁殖で、二つの娘核《じょうかく》が融合することで未受精卵から二倍体のメスが生まれてくるというなかなか信じがたい発生様式だ。

ウメマツアリのオスアリの決まり方がすごい

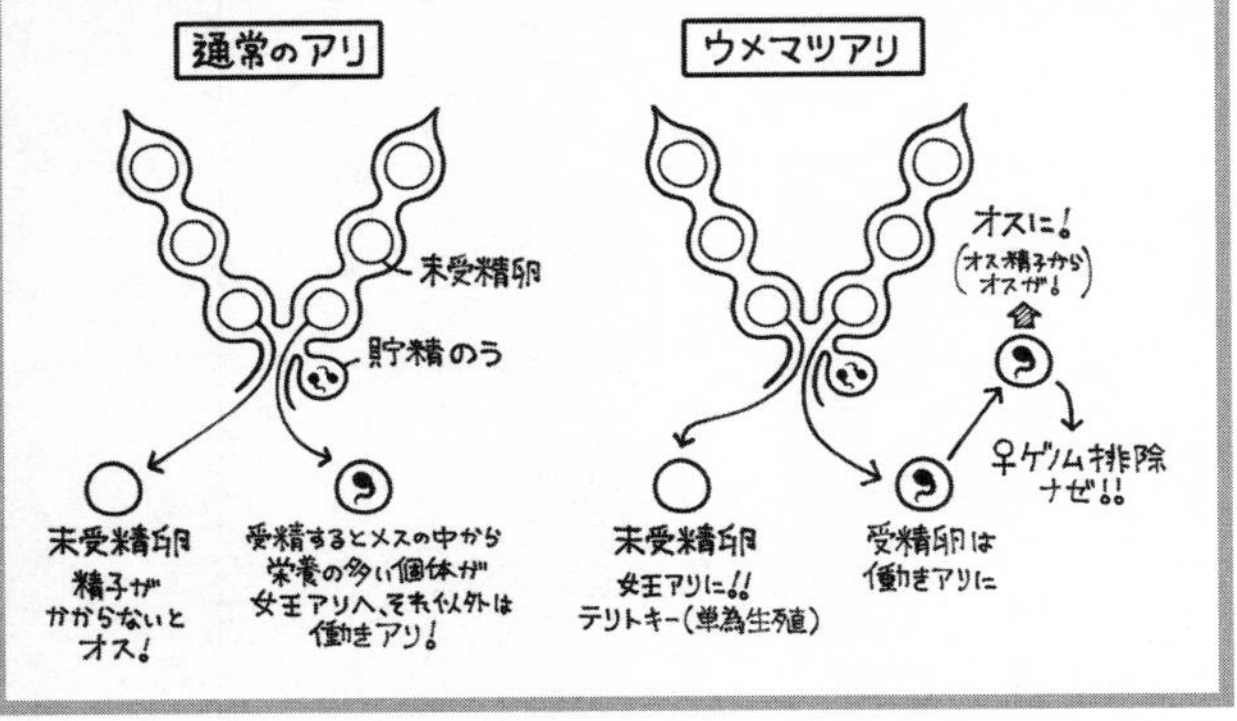

しかもメスであれば女王、働きアリどちらになってもおかしくないのに、すべて女王が生まれてくる。つまり、次世代に残す遺伝要素はすべて母親由来で、父親由来の遺伝的要素はまったく次世代には伝わっていかない。

父親であるオスアリの精子はもちろん使われることは使われるのだが、それは同世代の働きアリ（労働力）に使われ、母親を介して次世代に伝わることはない。

しかし、話はここで終わらないのがウメマツアリのすごいところ。オスアリの決まり方もかなり屈折していて、受精した卵からわざわざメスのゲノムを排除して、単数体のオスの卵になる。これはどうやっているかというと「細胞質不和合」という現象が起きて、メスのゲノムだけ卵から取り除かれてしまう。つまり、オスの持つ遺伝子はオスに１００％引き継がれる。

ややこしい！

ここから考えるとウメマツアリの女王とオスアリは遺伝的な交流がまったくなく、独立した生物で、働きアリがいることでようやく仲をとりもっている非常に危うい均衡の上に成り立つ社会と考えられる。

僕の研究室ではウメマツアリのコロニーを何コロニーか飼育しているが、その中の一つにはもう2年間くらいずっと翅のある状態の女王とオスアリが居続けている。そもそもウメマツアリは秋に新女王アリとオスアリが出てきてそのまま越冬して、翌年結婚飛行するかなり変わった生活史なのだが、うちの研究室の居心地がいいのか、飛び立つ気配すらなく、２年も経過している。

女王もオスアリも働きアリとは等しく遺伝的に距離があるからなのか、このコロニーは比較的オスアリにもやさしい社会となっていて、働きアリがオスを厄介者扱いしている様子はないように見える。

そんなウメマツアリだからこそ、ヤドリウメマツアリのパラサイト夫婦みたいなのが派生して出てきてしまうわけだ。やっぱり、アリの世界は奥が深い！

持ちつ持たれつ？　植物とアリたち

生態学用語に「キーストーン種」という言葉がある。キーストーンとは「要石《かなめいし》」「楔石《くさびいし》」のことで、石やレンガなどを両端からアーチ状に積み上げていった時の頂点に差し込まれる石のことを言う。この石があることで全体が支えられているように、その種が存在することによって生態系が維持される種のことを指す。

アリはまさに、陸上生態系の「キーストーン種」だ。この地球上に現れた約1億5000万年前から、アリはたくさんの植物や昆虫とともに陸上生態系の複雑な関係性を作り上げていった。

たとえば、僕が研究しているハキリアリ。新熱帯では家が傾くほどの大きなコロニーを作り、働きアリたちが100m以上の大行列をなして、樹木の葉っぱを切り、巣に運んではキノコ畑を育てる。ハキリアリに切り取られる葉っぱの量はすさまじく、パナマの熱帯雨林で生産されるすべての葉っぱの17%もの量を使っているという試算もある。

こんなに植物を浪費して大丈夫なのだろうか？　心配はご無用だ。実は、これが森の木々のメンテナンスにもなっている。熱帯雨林というのは、極相林《きょくそうりん》になればなるほど樹冠《じゅかん》が密生してしまい、森の中は真っ暗になってしまう。

僕が学生時代、パナマの熱帯雨林でフラッシュをたいて写真を撮ったにもかかわらず、暗い写真になってしまい友達から「何これ？　せっかくの熱帯雨林の写真なのに辛気臭いのしか写ってないね」と馬鹿にされたことがあるのだが、これは僕の写真の腕が悪いわけではない。熱帯雨林の樹冠が密生しすぎているのが悪いのだ。

そんな森は、なかなか下草が生えず、森林は更新されずにどんどん年老いてしまう。ハキリアリが木々の葉を切り取ることで、樹冠に光の通り道ができる。すると、光が地面にも届き、下草の生育がうながされる。そして、いわゆる陽樹が育ち、森が若返っていく。

植物とアリの関係にはそれ以外にもたくさんの例が知られている。日本国内で観察できるものとしては、マメ科のカラスノエンドウ（ヤハズエンドウ）とトビイロケアリの関係だろう。カラスノエンドウは春先になるとびっしりとエンドウヒゲナガアブラムシにたかられてしまう。これは植物にとって大きなストレスになる。

そこで、カラスノエンドウは葉っぱの付け根にある小さな葉（托葉《たくよう》）にある蜜腺から蜜を出して、トビイロケアリをおびき寄せ、アブラムシを食べてもらっている。持ちつ持たれつの関係を築いているはずなのだが……実はそうでもないらしい。

2007年のイギリスでの研究で、カラスノエンドウに近いマメ科の植物とトビイロケアリに近いアリとの関係を調べたところ、アリをおびき寄せるためのコストのほうが、アブラムシ駆除によるメリットよりも大きいことが明らかになった。どちらかと言うとアリが植物に寄生している状態だ、という実験結果だったのだ。

持ちつ持たれつではなく、実態はアリのほうがしたたかであった、ということである。

スミレは本当にアリにタネを運ばせている？

植物とアリの関係では、小学校の教科書にも載っているスミレとアリの関係が有名だろう。スミレの仲間はタネの一部にアリの好物（エライオソーム）をつけておき、タネをアリに運ばせることでより遠くで繁殖しようとする。

エライオソームを作る植物はスミレだけではない。アケビ、イグサの仲間、フタバアオイ、ムラサキケマン、ヒメオドリコソウ、ホトケノザ、ヒメハギ、カタクリ、エゾエンゴサクなど、かなりの植物種で確認されている。

ただ、どんなアリでもエライオソームに誘引され、種子散布者として有能かと言うとそうでもないことが最近の研究から明らかになっている（アリからしたら、有能、無能とか言うなよ！って話だが）。

ブラジルの研究で明らかになったのは、あまりタネを運ばず、その場でエライオソームを取り除いて、本体のタネを置いていっちゃうのが、ヒアリやオオズアリの仲間。とっても種子散布の役に立っているのが、オオアリやデコメハリアリ、そして世界最大のハリアリ、オソレハリアリなどだという。

エライオソームには、植物種によって含まれる栄養素がちょっとずつ異なるが、共通して大量の脂質が含まれていることがわかっている。そして、あまり種子散布をしないアリたちはエライオソームのサイズにはあまり関係なく、どんな種子も運ぶが、有能なアリはエライオソームが大きければ大きいほど惹《ひ》きつけられる。

働くアリには報酬をたくさん用意したほうが適応的というのは、人間の経済にも応用可能な話だと思っている。

アリはこうした深い関係を多くの植物と結んでいる。植物とアリ、どちらもしたたかにお互いを利用しながら、この地球の厳しい環境を生き抜いている。

植物にコントロールされるアリ

アリのほうが植物よりもしたたかな例を挙げたが、植物だって負けてはいない。

中南米にいる「アカシアアリ（*Pseudomyrmex ferrugineus*）」とアカシアの木の関係も非常に面白い。その名前のとおりこのアリは、アカシアの木と共生している。

アカシアというと、北海道で6月くらいに白い綿毛を飛ばす木を想像する人もいるかもしれないが、あれはニセアカシアだ。日本国内ではアカシアの木は自生しておらず、植栽にも使われにくい。実はあまり馴染《なじ》みのない植物だ。アカシアのハチミツもほとんどがニセアカシアの花蜜だ。

中南米に分布するアカシアの木には、葉っぱの根元に大きなトゲがあり、このトゲの中にアカシアアリは巣を作る。トゲのそばには蜜腺があり、そこから出る蜜を報酬に、その

〝お礼〟としてアカシアを食べる動物を追い払い、ツル植物などアカシアの生育に邪魔になる植物・雑草を刈る。

コンコンとアカシアの木をつつくと、ワラワラとアカシアアリが出てくる。アリにしては眼が大きく、いかにも睨《にら》みの利くおっかない顔をしている。

昆虫写真家の山口進さんは、アカシアアリに刺されて「イタタタ！　村上さん、これはけっこう痛いですよ！」と笑顔でおっしゃられていた。パラポネラもたいしたことないと言っていた山口さんに、このようなセリフを吐かせるとは、なかなか手強いアリだ。

それもあって、僕は十分に気をつけており、まだ刺されたことはない。とにかく、攻撃性が高いアリなので、中南米で見かけた方は気をつけてください。

アカシアアリは、その高い攻撃性で宿主のアカシアの木をほかの昆虫や哺乳類の被害から守る、用心棒やボディガードといった役割だ。

しかし、2005年の論文で、ともにメリットのある「相利共生」というよりも、アリはアカシアに巧妙に操られているという事実が明らかになった。アカシアの蜜に含まれるある成分によって、なんというか、離れられない状態にさせられているのだ。

一般的に樹液にはスクロース（ショ糖）などの甘い糖分が多く含まれている。それを分解・消化するためには「インベルターゼ」という酵素が必要なのだが、アカシアアリの成虫にはインベルターゼの活性がない。それはなぜか？　アカシアの分泌する蜜に含まれる成分がインベルターゼの活性を邪魔して、スクロースを分解できなくしているからだ。で、アカシアの蜜にはスクロースが含まれておらず、ほかの昆虫類にとっては旨味がない。アカシアアリは、アカシアの蜜に含まれるグルコースやフルクトースから栄養を摂る。アカシアの木にとっては、アカシアアリを独占し、ほかの厄介な昆虫たちを寄せ付けない一挙両得の妙手である。

実は、アカシアアリの幼虫と蛹ではインベルターゼが働いている。しかし、羽化して成虫になり、アカシアの蜜を口にしたその瞬間から、酵素が働かない体になってしまうのだ。ほかの木の樹液や蜜を食べる自由があったはずなのに、体質を変えられ、本当はおいしいはずのスクロースを利用できなくされ、アカシアの蜜に依存させられ、一生懸命アカシアの木を守るよう働く――。

なんだか、昨今のコンプライアンス的には表現しにくい不穏当な展開にも見えてしまう。今のところ、アカシアアリの享受できるメリットが栄養面からはさほど大きくないとされている。まさに植物によって操られているとしか言いようがない状態である。

また、アフリカに分布するアカシアの仲間は、「シリアゲアリ」と共生をして、外敵から守ってもらっている。ただ、1997年の『Science』に発表された論文では、アリがアカシアの花を訪れるには一定のルールがあり、若い花が開花した数時間だけ、アリはアカシアの花に近寄らないことが明らかになった。開花したばかりの花から揮発性の化学物質が出ていて、アリを遠ざけているというのだ。

外敵を退治して守ってほしいけれど、受粉を手助けしてくれる昆虫までアリに追い払われるのは困る。植物のほうもしたたかにアリを利用している、というわけだ。

死をコントロールされるアリ

植物以外にもアリと密接な関係を作るものがいる。有名なのは「ゾンビアリ」の話だろう。5年~10年周期で、大きな話題になる。さまざまなアリがゾンビアリに変えられてしまう。このアリを操る菌類の話が大好きな人は多い。

日本では冬虫夏草《とうちゅうかそう》の名前で知られているが、この菌類に感染するとアリの行動が変化してしまう。アリの意思とは関係なく、葉っぱの上に行かざるを得ないのだ。

アメリカでもっとも多いアリの一つであるオオアリの仲間、「カーペンターアント（Camponotus spp.）」のゾンビ化を見てみよう。カーペンターアントに、冬虫夏草の一種であるタイワンアリタケの胞子がくっつき発芽すると、外骨格に菌糸が広がっていく。徐々に菌糸はアリの体中に入り込み、体内の栄養を得ながら、増殖していく。ここまではアリの行動に変化はない。

時が満ち、菌類が一定以上に増えると、アリはゾンビと化す。マイケル・ジャクソンの「スリラー」のように、アリはうろうろとさまよい歩きだす。土の中にある巣から、草木の高いところにのぼり、不安定な葉の上で振り落とされないように、葉に齧《かじ》りつきながら、最後の時を迎える。

もちろん、アリは自分が自分の意思で行動をしているものだと思っているのだろう。しかしながら、その時点で、アリは自分で行動を制御することはできなくなり、菌類の思惑通りの行動しか取れなくなっている。死を迎える瞬間、アリが何を思うかは想像の枠外だ。

タイワンアリタケの目論見《もくろみ》は、ここから真骨頂を迎える。命尽きても、アリは咬《か》んだ葉を離すことはない。そのまま、数日がたち、死んだアリの体を突きやぶって子実体《しじつたい》が伸びてくる。そして、不安定な葉を風が揺らすと、アリの体から生えた子実体は胞子を放出。アリの巣のそばの木の上から降り注ぐアリタケの胞子は、次の宿主に首尾よく着地することになる。

最新の遺伝子発現研究（トランスクリプトーム研究）では、寄生されたアリで働きが活発になった遺伝子が、「生物時計遺伝子」、「採餌《さいじ》行動遺伝子」、「嗅覚遺伝子」、「神経調節遺伝子」で、働きが抑制されているのが「菌類の解毒遺伝子」、「分泌遺伝子」などであった。これらは、どういった行動の制御につながるのだろうか？

たとえば、アリをさまよい歩かせ、木の上まで誘導するには採餌行動遺伝子や嗅覚遺伝子を操作するとよいだろう。

死のタイミングで、もっとも高い葉の上に到達させたり、発芽のタイミングを胞子の飛ばしやすい正午に合わせるという離れ業も報告されているが、これは生物時計遺伝子をいじればいい。それらの行動の基盤となる神経調節全体をコントロールする遺伝子も、アリタケの制御下に置かれている。まったく、なんて菌だ！

別の研究では、ゾンビ化したアリの大アゴを動かす筋肉には、アリタケの菌糸がまとわりついていることがわかっている。筋肉を過剰に収縮させ、死んでも葉を離さないほど強く咬みつかせているのだ。それはまるで悟空が悪さをした時、頭を締め付けてお仕置きをする「緊箍児《きんこじ》」のようだ。この最後の一咬みは、「デスグリップ」と名づけられている。

しかし、このアリタケ、脳までは侵さない。それは死に場所に誘うため、脳の神経系を生かしておく必要があるからだ。つまり、完全に自我は奪わない。しかしアリは自分はまともに動いているつもりで、アリタケの策略にまんまとハマってしまっているわけだ。

これは我々人間も「あー怖いねぇ!」などと気軽に言って済む話ではない。ウイルスに侵された人間が、わざわざ人混みに出かけて行ったり、パーティーを開いたりするのは、その人の意思でしているのではなく、ウイルスに操作されている……のだとしたら。

新型コロナウイルス感染拡大時には、そういった理解不能なニュースが多く報じられた。あなたはほかの生物に操られていない自信、ありますか?

アリの巣の中は小宇宙

地球上の動物の中で、もっとも個体数が多く、生物量も多いアリ。その社会は緻密《ちみつ》に構築され、非常に安定している。安定して数が多く、寿命が長い生物の宿命として、さまざまな生きものが巣の中を利用することになる。

たとえば、シジミチョウという小さなチョウは、幼虫時代をシワクシケアリなどの巣の中で過ごす。その姿はまったくアリには見えないのだが、匂いと音をアリに擬態しているため、働きアリたちは見破ることができない。あまつさえ自分たちの大事な幼虫を食べられながら、すくすくと蛹になるまで成長をお手伝いしてしまう（巻頭写真⑯参照）。

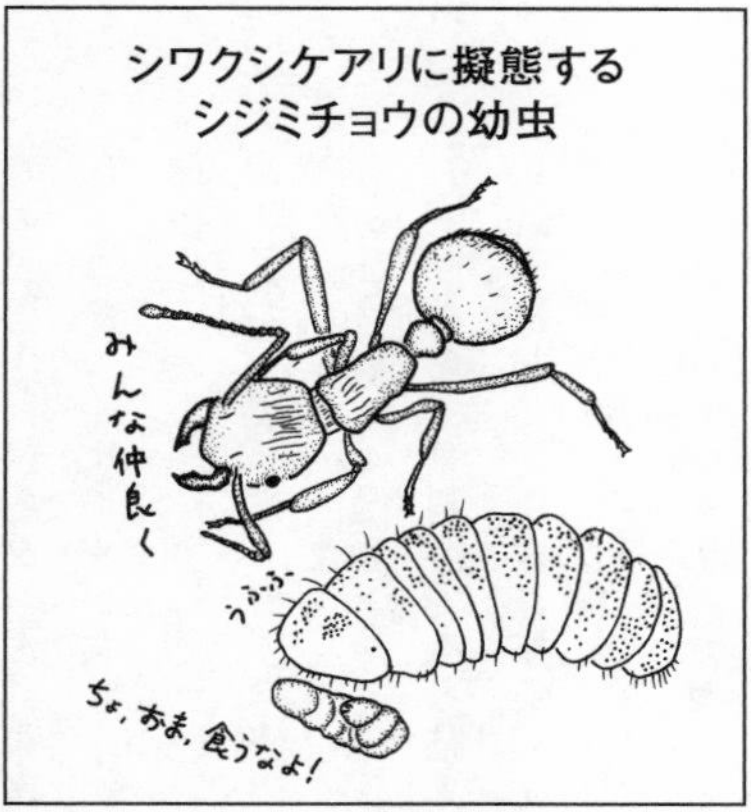

シワクシケアリに擬態する
シジミチョウの幼虫
みんな仲良く
うふふ
ちょ、おま、食うなよ！

この匂いと音のマジックは蛹からチョウに羽化する瞬間に切れてしまうため、シジミチョウは羽化した瞬間に、急いでアリの巣から脱出しなくてはならない。スリリングな展開で、時にはアリたちに捕まって食べられてしまう個体も出てくる。騙すほうも命がけだ。

アリがほかの昆虫を利用している例もある。僕の先輩である香川大学の伊藤文紀博士が発見したのは、アリの巣の中にいるダニだ。東南アジア産のヒメカドフシアリは、日本産のカドフシアリよりもコロニーサイズが大きく数百個体だ。その中に、必ずササラダニの仲間がかなりの数、存在している。

伊藤さんは、アリとダニを詳細に観察し、驚くべき関係を発見した。このダニは立派な脚があるにもかかわらず、まったく歩かない！　アリたちは甲斐甲斐《かいがい》しくダニのお世話をし、おそらく食料源である枯葉にダニを運んであげたり、ダニにしては柔らかい外骨格をきれいにしてあげたりする。ダニにしてみれば至れり尽くせりだ。

さらに衝撃的なのは、このダニ、自分で卵を産むことすらできない。体の側面から、ちょろっと卵が顔をのぞかせると、アリがいそいそと卵をつかみ引っ張り出す。ダニはいきむことすらできない！　アリは卵を取り出すと、巣の中央部まで運び、自分たちの卵と一緒にお世話をする。ダニを隔離すると数日でカビが生えて死んでしまうことから、アリに強く依存したダニであることが判明した。

伊藤さんはこれに「アリノスササラダニ」と名前をつけた（巻頭写真⑮参照）。しかも、新科新属新種というとんでもなくレアなダニであった！　アリがダニに利用されているだけのようにも見えるが、さにあらず。飢餓状態になると、アリは大事に大事に育てていたダニをむしゃむしゃと食べてしまう。つまり、緊急時の食料として確保していたのだ。ハキリアリが「農業をするアリ」ならば、このヒメカドフシアリは「牧畜をするアリ」といえる。

僕が研究しているハキリアリの巣の中には、30種を超える甲虫、ゴキブリ、コオロギなどの好蟻性昆虫が入り込んでいる。さらには、ネコメヘビやアシナシイモリも産卵場所としてキノコ畑を利用している。アシナシイモリにいたっては、卵から孵《かえ》るとハキリアリの幼虫をエサとして食べてしまう。なんという恩知らず！

ハキリアリの育てている菌類は、地球上でアリの巣の中にしか存在していない。そこに寄生する特殊な菌類「Escovopsis」もハキリアリの巣の中にしか存在していない。さらに、その寄生菌をやっつける抗生物質を出す放線菌の仲間を働きアリは体表面に住まわせているのだが、これもまたアリの体の表面のみにしか存在していない。

アリの巣の中は、細菌からキノコ、昆虫、果ては爬虫類まで、なんでも入り込める小宇宙だ。そこでは騙し騙され、複雑な関係性を築き上げている。単純に、損得関係だけで生物の世界を決めつけていては、この小宇宙を堪能することはできない。底知れぬ奥深さに刮目《かつもく》せよ！

コラム❸ 大自然に宿る〝何か〟の力をまざまざと知る

日本には山や大木を御神体として祀《まつ》っている場所がいくつもある。僕は特別な信仰を持たないけれど、その土地で人の営みがはじまるよりずっとずっと前からそこに存在し続けている山や森、木々に〝何か〟が宿ってもおかしくはないと感じている。

僕の行っている調査研究やフィールドワークでは、そうした山や森にお邪魔する行為だ。だから必ず、足を踏み入れる前に手を合わせ、あいさつをし、終わった後にも一礼をする。

しかし、あの時は少々、敬意が足りなかったのだろう。沖縄・石垣島の森でのことだ。

石垣島のバンナ岳山頂付近で

2011年夏。当時、僕は北海道教育大学函館校の准教授をしていた。夏休みに入った頃、沖縄の西表島を皮切りに、四国から中国地方、関西をまわり岐阜の大垣あたりまで北上する大規模な調査旅行を行った。西表から九州までは多様なアリ類の調査を、そして中国地方では特定外来生物に指定されているアルゼンチンアリの行動生態学的調査を行いつつ、その土地土地のアリを観察していったのだ。

西表島での調査が終わり、次に向かったのが石垣島だった。沖縄には珍しいアリが多く、忙しくも楽しい時間を過ごし、3日間の滞在期間はあっという間に過ぎていった。

最終日、フライトまでのわずかな時間も惜しく、朝から歩いてバンナ岳に向かった。バンナ岳は標高200m強の低山で、地元や観光客に人気のスポットになっている。一方で、山全体が保全され、固有の動植物を観察することができる。

ワクワクしながら山に入り、観察をしながら登っていった。山頂付近に到達し、名残惜しいけれど余裕をもって帰ろうと思った時、足を滑らせ転んでしまった。右のおしりを打ち、「あれ？こんな転び方珍しいな。気をつけなきゃな」と思いながら山を下っていった。舗装された道路のところまで出て、しばらく歩くと携帯電話がないことに気づく。

「右のポケットに入れていたから、転んだ時に落としたんだ」

そう思い、来た道を引き返すことにした。

フィールドワークをしている人間であれば普通なのだが、似たような木々が並んでいても、自分が進んできた道はだいたい間違えずにたどることができる。道すがら、どこかできっと見つかるだろうと、その時はさして、深刻には考えていなかった。

しかし、転んだ山頂付近まで行っても、携帯電話は見当たらない。「おかしいな」と思い、範囲を広げ同心円状に森の中を探していくと、林床をおおい木々の幹をはうツル植物の枝が一本、僕にぶつかってきた。

パシッ！　メガネがはたき落とされた。「ふぅむ」と思い、メガネを拾ってかけなおし、一歩踏み出したとたん、再び、ツルがパンッと僕の顔を打つ。再び吹き飛ばされるメガネ。

あれ？　メガネを拾い上げ、「これは何かおかしい」と足をさらに一歩踏み出した瞬間、３度目のツルの攻撃を受け、メガネが吹き飛ばされる。焦って踏み出した一歩。メガネの左目のレンズを踏み抜いてしまった。今、この足の下にレンズがあるはずなのに、どうしても見つからない。

僕は片方のレンズがないメガネをかけた。


「なるほど、なるほど」

そして、もう一歩踏み出した時、ツルはまたしてもメガネをはじき飛ばした。


「わかりました。わかりました。メガネは差し上げます」

心の中で祈るような気持ちでメガネをあきらめた。

焦る気持ち。なんとかこのツルの世界から無事に生還しなくてはならない。しかし、体を右にふれば、蚊取り線香のケースをはたき落とされ、左を動かせば、腰に指していた根切りが奪われ。頭上ではバンダナがツルに持っていかれ行方不明に……。身につけているものが一つずつ、奪われていった。

そして気がつくと、ツルとツルが幾重にも交差する編み目の間に右足がズボッとハマってしまった。「これはやばい！」と焦ってよろめいた瞬間、今度は左足が絡め取られてしまった。

どうにかして抜け出さなきゃいけないと、両手で右足のももを引っ張って抜こうとあがいたのだが、どうにも抜けない。そうこうしているうちによろめき、バランスを取ろうと手を広げたら右手がツルにつかまり、続いて、左手の自由も奪われてしまったのだ。

石垣島の森の中で、ツルに両手両足を縛りつけられ磔《はりつけ》状態。人が立ち入るような場所ではないから、ハイキング客も来ない。助けは期待できない。フライトの時間は2時間後に迫っている。

どれくらいがんばっただろうか。当然ベルトにくくりつけていた時計もなくなっていたので時間もわからない。「俺、ここから一生出られんかも」との思いもよぎる。しかし、「いかん、いかん、何を弱気なことを！」と思いなおし、あらん限りの力で利き腕の左手を抜いた。次に、右手を抜き、足を一本ずつ抜いて、ツタを振り切る勢いでなんとか脱出することができた。

来た道に戻って下山するには、再び、ツルの中に入っていかなくてはいけない。しかし、僕にその勇気はなかった。

山で道に迷った時に涸《か》れ沢に下りるのは、絶対にやってはいけないタブー行為だ。のっぴきならない道迷いになるし、滑落のリスクも高まる。まして石垣島ではハブと遭遇する可能性だって高くなる。

しかしながら、その時の僕にとっては、ツルの森のほうがよほど恐ろしかった。岩肌に服をひっかけビリビリに破きながら、涸れ沢を転がるように下山したのだった。

これまた不思議なのだが、転げ落ちるようにしてたどり着いたのが、なぜか製材所の敷地内だった。しかも、周囲を囲うフェンスの中。その日は日曜日で人っ子一人いない。とりあえず、ここから出ようと3mのフェンスをよじ登り、またいだところで力が入らず落下――。もう、精根尽きた……僕はもう駄目だ……。と思ったが、最後の力を振り絞って製材所近くの民家によろよろと這《は》いつくばっていき、一言。

「た、たすけてください！」

髪はボサボサ、服はボロボロに破けた、どう見ても怪しい僕を、その家のおばあさんは、やさしく家に入れて、休ませてくれた。それだけではない。「なんか食わしてください」と頼み込む厚かましい僕に、嫌な顔もせず（だったと思うけれど）、ごはんまでごちそうしてくれた。

ありがとう、島袋ちえさん……。

それにしても、恐ろしかった。メガネが4回目にはじかれた時、そこには明らかになんらかの意思を感じた。沖縄には「キジムナー」という樹木に宿る精霊がいるという。思い返せば最終日で僕は少し、浮かれて調子に乗っていたのかもしれない。キジムナーが「ちょっとこらしめてやろう」と思ったに違いない。

その後、タクシーを呼んでもらい、汗と涙でぐしょ濡れになった服一式を着替え、まさにほうほうのていで空港に辿り着き、飛行機の便を取り直した。福岡の地で携帯電話を購入し、メガネを作り直し、調査旅行を再開した。

佐賀、熊本と採集を続け、さらに大分から四国に渡り、愛媛、高知、香川と移動し、中国地方、関西、東海地方まで調査ツアーは無事に終えることができた（野宿した公園で目覚めると足の指に名刺がはさまっていたという怖い話もあったけれど）。

ただ、キジムナーの呪いは続く。調査旅行から函館へ戻ってしばらくして、学生実習がはじまる前日、バンナ岳で打ったのと同じ右の腰がなぜか、重症のぎっくり腰になってしまったのだ。教員人生で初の休講をし、病院では車椅子に乗って診察を受けた。さらにタイミングの悪いことに、その直後には福島で原発事故後の合同調査が入っていた。痛み止めの座薬を入れてコルセットを巻き、さらに痛み止めの注射をしながら、満身創痍《そうい》で参加。先生方からは「ガラスの腰」

という称号をいただいた。

ただ、改めてこうして振り返ると、やさしいキジムナーだったのだと思う。森のツルと格闘しながら、「これは森から出られないかもな……」と思った瞬間は何度かあったけれど、実際に命をとられる感じはしなかった。スマホや根切りなどいろいろと失ったけれど、お財布など本当に大事なものは最後までちゃんと手元に残しておいてくれた。

このお調子者をちょっとおちょくってやろう、そんな感じだったのではないだろうか。キジムナーはイタズラ好きだと言われているし。これからは気をつけます！

第4章　おしゃべりなアリ　寡黙なアリ

アリがしゃべる！　しかも、こんなにもおしゃべりなのか！

「アリがしゃべる」と言われたら、皆さんはどう思うだろうか？
「シジュウカラは文法を持つと言うし、アリがしゃべったとしてもおかしくないし、楽しそう！」

そう思う人がいれば、「アリがしゃべるわけがない！」と一笑にふす人もいるだろう。会話や言語は人間固有のもの。音声でコミュニケーションを取るのは人間の専売特許。ほかの生物はもっと単純なものであってほしいという願いがあるのかもしれない。

僕自身、最初は半信半疑だった。しかし、2012年9月、パナマ共和国のバロ・コロラド島にあるスミソニアン熱帯研究所の宿舎で、「ハキリアリ」の働きアリを入れた飼育ケースを前に確信した。

アリはしゃべる。

僕がハキリアリを含むキノコアリを研究対象に定めたのは、大学院生の時だ。修士論文の調査のため、パナマを訪れ、たまたま最初に見つけた記念すべきアリが「ハナビロキノコアリ（*Cyphomyrmex rimosus*）」というキノコアリだったからだ。

キノコアリはフタフシアリ亜科に属し、新熱帯を中心とした南北アメリカに分布する。現在、20属約250種が記載されている。

キノコアリには、コロニーサイズが100個体前後の社会構造が比較的単純なものから、コロニーサイズは数百万個体、働きアリの役割が細かく分類されているハキリアリまで、連続的に社会の構造が変化しているものがそろっている。

ハナビロキノコアリはその中でもかなり変わった習性を持っているキノコアリだ。一方、子どもの頃の僕のアイドル昆虫だったハキリアリもキノコアリの仲間だけれど、もっとも後から枝分かれした種になる。このようにキノコアリはさまざまな進化の道筋を検証するのに、とても適したアリなのだ。

僕はこの30年以上、キノコアリの農業――菌食行動の進化や生態などの研究を行ってきた。そして、2012年9月。おしゃべりなハキリアリの巣を前にして、「キノコアリたちを使えば、音声コミュニケーションと進化、社会の複雑性との関係をも明らかにすることができる！」と確信した。

とてつもなく面白い研究テーマを見つけ、僕のワクワクはとまらなかった。

以来、僕は「キノコアリの音声コミュニケーション」を主要な研究テーマに位置づけ、パナマの熱帯林の中で蚊やダニにまみれながら音声を採取し、夜な夜な音声データを分類し、アリ語で寝言を言って娘にドン引きされ、さまざまなアプローチから実験を行ってきた。

この音声コミュニケーションの研究について、前著『アリ語で寝言を言いました』では、論文執筆中で紹介できる部分が限られていた。3年たった今も実は論文がアクセプト（雑誌への掲載を認められること）されていないので、データの深い部分までは紹介できない。が、できるだけ前回よりは詳しく説明してみたい。

アリはどこで聴いているのか？

アリがしゃべるといっても、口から声を発しているわけではない。アリの発音器官は「腹柄節」と腹部にある。腹柄節というのは、アリの胸部と腹部の間にある小さな節のこと。昆虫の中で腹柄節を持つのはアリだけで、アリは腹柄節を手にしたことで腹部の可動域が広がり、狭い土中でも自在に動けるようになった。

アリなら必ず腹柄節がある。その数は一つもしくは二つである。二つ持っているほうがより複雑な構造となり、機能も多様になる。

その腹柄節の一部が弧《こ》状の薄いヘラのような構造になっていて、一方、腹部の第一節に洗濯板のようなスリット構造があって摩擦器になっている。これらをこすり合わせることで、カリカリカリ、キュキュキュといった音を出しているのだ。

その音の大きさだが、ハキリアリの大型ワーカー（体の大きい働きアリ）であれば、つまんで耳に近づけると「ギーギー」という声を聞きとることができる。いや、もっと大型の個体だと巣を崩すと怒って、ギャーギャー言いながら出てくるので、耳に近づけなくても聞こえる。

1993年に初めてハキリアリの巣を触った時、興奮した大型ワーカーからものすごく怒られて、びっくりしたことを覚えている。そう、多くのアリ研究者はもともとアリが音を出すことは知っていたのだ。

ただ、聞き取れるのは個体サイズが大きいからで、中型ワーカー以下が発する音を、

ハキリアリの発音器官

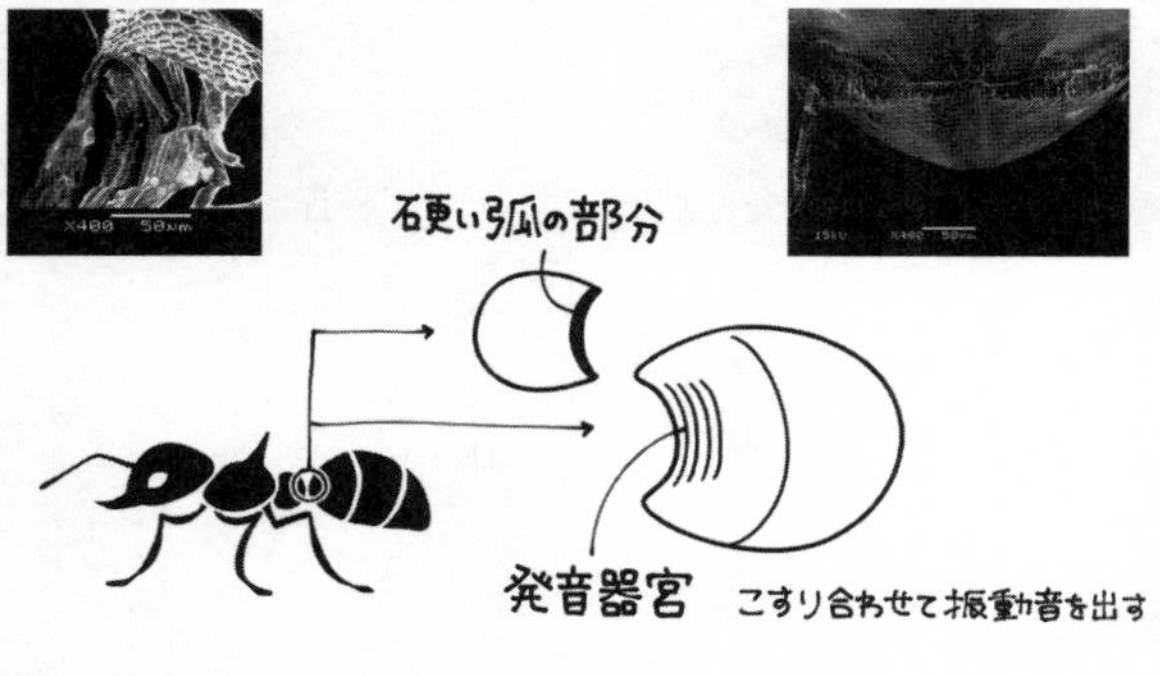

人間の耳で感知することはできない。そのため、僕たちは独自で開発した高性能な録音装置を使って音声を集めている。

一方、アリがどこで音声を聴いているのかというと、意外なことにきちんと調べた報告は非常に少ない。一応、専門書には脚の節にある器官と触角にあって刺激を受容する「ジョンストン器官」で音を察知していると記述されている。しかし、なんとイラストしかなくて、きちんとした構造の解析は21世紀になっても1例しか行われていない。

聴覚の受容器官の場所や構造は昆虫によって異なる。蚊やハエ、ミツバチは触角にあるジョンストン器官で音の刺激を受け取っているし、カマキリは腹部の脚の付け根にある聴覚器官で聴いている。コオロギは脚に鼓膜を持ち、空気振動を増幅して聴覚細胞に信号を送り込んで知覚していて、人間の可聴領域よりも幅広い周波数を感知することができる。

進化的な起源はヒト・哺乳類とはまったく異なるのだが、聴覚の機構や構造は非常によく似ており、「収斂《しゅうれん》」現象の教科書的な事例と言える。

このコオロギの研究は、僕の共同研究者である北海道大学の西野浩史博士が行ったものだ。西野博士は昆虫の「耳」研究のプロフェッショナル。なんとコオロギの聴覚器官を脚からズルズルと引き抜くという神技を駆使したり、免疫染色技術で世界で誰も見つけてない昆虫の微細な聴覚細胞の構造を解析したりするすごい研究者だ。

さて、ここで、ずっと使っている「音」という表現だが、アリと人間では受け取めている「音」の伝わり方、種類が違う。物体が揺れた振動が伝わって音となるわけだが、我々人間は主に「空気振動」で音を聞いている。声は声帯を震わせて、空気を振動させることで発生させている。

アリの場合はというと、空気振動はあまり使っておらず、どちらかというと地面や木の幹など硬いものを伝っていく「基質振動」を主に感知して、「音」と認識していると僕らは考えている。

人間とメカニズムは多少違うけれど、ものの振動を波として受け取めているのは共通だ。むしろ聴覚器官が脚と触角にあることから、人間よりもっと繊細にいろいろな振動を感知しているとも言える。


「じゃあ、人間の足音はアリにとっては大騒音では？」と思うかもしれない。これは、現段階で確証があるわけではないが、ある閾値《いきち》を超えるとおそらく反応しなくなるのではないかと考えている。

僕はこれまで膨大な数の行動観察を行ってきた。その経験からすると、周囲の空気振動音や基質振動音の大きさでアリの行動が変わるというより、特定の周波数に反応しているほうが多かった。

適切なサイズの音にだけ反応し、ほかの電気信号が伝わらないようになっているのだと思う。人間だって、低周波と超音波を聴くことはできない。年齢を重ねると8000Hz以上のいわゆる「モスキート音」は聞こえなくなる。それらがたとえ爆音で鳴っていても、受容できない周波数であれば我々だって反応することができない。

無口なオスアリ

僕らの研究チームの成果の一つが、アリのオスにも発音器官があるということを発見したことだ。これもまた未発表なのだが、アリのオスにも腹部第1節に立派な発音器官があることが電子顕微鏡観察から明らかになった。しかし、残念なことに一生懸命がんばってオスアリの声を録音しようとするのだけれど、これまで記録できたことがない。オスアリはあまりしゃべらないのではないかと考えている。

オスアリはコミュニケーションが「取れない」のか、あるいは「取る必要（機会）がない」のか、はたまた「取りたくない」のかの判断は悩ましいところだ。働きアリにしてみたら、オスアリはただの手のかかる存在だ。巣の中では自分でご飯も食べられず、幼虫の世話をするでも、門番役をするでもなく、お世話をされるだけ。

そんな立場を思うと、「もし何か言おうものなら、何倍返しに遭うか……そりゃあ、発言権はないだろう」と思わないこともない。が、いやいや「もうちょっと腹を割って話をしたら、働きアリの気持ちも雪解けムードになるんじゃないのか？」とも考えたり、「いっそ働きアリに擬態して、より協力的に安全にお世話してもらうスキルを磨いたほうが……」などと不埒（ふらち）なことも考えてしまう。

いささか擬人化しすぎたが、真面目な話に戻ると、アリやハチのオスはメスの半分しか遺伝子を持ってない。機能としてはメスに比べるとそもそも限定的にならざるを得ない。発音器官を作ったままではいいが、それを細かく調整して音を出してコミュニケーションを取って、社会の一員として機能させよう、というところまでは届かなかった、というのが真相に近いのかもしれない。

ただし、本当にしゃべる必要がないのであれば、発音器官を作り続けるコストを払うのは理にかなわない。限られた遺伝子の中から、腹部第1節にギザギザの器官を作るようにメッセンジャーRNAを飛ばし、タンパク質を合成して、しかるべき幼虫の発生時期に、しかるべき場所に形作っていく——これはかなりのコストになる。

そのコストを払ってまでオスの体に発音器官を残している、ということは原理的にはオスにもおしゃべりをするタイミングがあり、そこではかなり重要な役割を果たしていると推測している。

たとえば、オスアリの生涯において最初で最後の大仕事である交尾の時——結婚飛行において女王アリの気を引くなど何かしらの音を発している可能性は否定できない。しかし、一度に数えきれないほどの新女王アリとオスアリが飛行している中、音声を採取することは現時点では不可能に近い。

オスアリが、唯一の利己的でありながら利他的な行動でもある結婚飛行で「僕を見つけて！」と音を出しているとしたら、なんだか健気だと思いませんか？　ちょっとオスアリに肩入れしすぎかもしれないけれど。

15分間に7700語しゃべる饒舌《じょうぜつ》なアリ

アリの音声コミュニケーションの研究で、まず行ったのは、膨大な量のアリの音の記録だ。ハキリアリをはじめ、キノコアリは日本には生息していない。中米パナマを訪れては、熱帯林のフィールドで、あるいは付設の実験室の中で音のサンプリングをコツコツと続けた。

対象としたのは、キノコアリ族7属9種。僕らが開発した小型高性能録音装置内にキノコ畑やゴミ捨て場、葉を刈る場所（サイズはかなり小さいが）を再現し、そこにアリを入れ、誘導して、音を記録する。

また、刺激を与えた場合の反応を記録するために、たとえば、働きアリをピンセットで押さえつけた時に発する音を、それぞれの種で5コロニーずつ、5個体で録音するなどした。このようにして、行動や刺激と音を結びつけて録音&録画し、計945分間のデータを携えて、日本に帰国して解析を行った。


そして……ここからが地獄だった。2019年、ある程度研究が進んだ段階で、情報処理を専門としている学生に、音だけを切り出して自動解析できないか聞いてみたところ、「どこを音として識別したらいいのかがわからない」と泣き言を言われた。

そうなのだ。2024年現在、人間社会はAIやらディープラーニングやらで黒船襲来！みたいな騒動になっているが、なんにもわからない部分の分析・解析にこれらの技術はほとんど役に立たない。

最初の、そしていちばんしんどい部分、たとえばどれがアリの発する音で、どれがノイズで、この音がどういった状況で、どんなタイプの音なのか、といったデータは人間が、一つひとつ手作業で定義づけをしなくては結局は使い物にならないのだ。

945分のデータを人力で解析。膨大な量の手書きメモ

ここのところを多くの人は誤解している。いちばんしんどいところは人手をかけて、時間をかけて、たっぷりと頭を使って、我々が構築しなくてはならないのだ。

ということで、音声データのカウントとともに、左のように手書きでメモを取っていった。

●回数1回
Start「1m44・571」（音源の1分（ミニット）44・571秒のところではじまり）
Finish「1m44・827」（音源の1分44・827秒で終わる）「ピュッ」（音のタイプ）

●回数1回
Start「2m17・842」

Finish「2m18・064」「ピッ」

●回数3回

Start「2m19・949」

Finish「2m20・503」「ピロピ」

アリも単純な1音を重ねているだけではなくて、さまざまな音を組み合わせてコミュニケーションを取っている。3個体がコミュニケーションを取っている時は、いくつもの音が重なる。これを、一つひとつデータを切り分け、「キュ」とか「キ」とか、元データとしてずっと書き出していき、それぞれ音素解析し、ファイルを保存していく……。

これはすでにさまざまな機会で話していることだが、いちばんおしゃべりなアリは15分間でなんと7700回もの音を発していた。この1ファイルを解析するのに1か月以上かかっている。

この行動や刺激と音を結びつける作業がとにかく、しんどかった。終わりの見えない地味な作業というつらさもあるけれど、何よりつらいのは正解がない、ということだ。音と行動パターンを紐《ひも》づけするルールは、一応ある。でも、それが正しいのか間違っているのかの確信がもてない。いつまでたってもふわふわとした心持ちで、何度も試行錯誤をして、何度もやりなおしをした。前著のタイトルにもなった、アリ語で寝言を言ったのがまさにこの時だ。

ちなみに、音の紐づけ作業を終え、前述の情報科学の学生に「このタイプの波形がアリの音だから、ここからここまでの周波数とかパルス数をアリの音として定義してみて」と頼んだら、7700回もしゃべっていたハキリアリの1ファイルについて、ものの1分くらいでプログラムを完成。数秒で解析が済んでしまった。やはり機械学習とか、恐ろしいっすね。

おしゃべりなアリほど社会が複雑に？

しかし、苦労の甲斐はあった。非常に興味深いデータが取れた。よかった。いちばんの収穫は音声コミュニケーションと社会進化の関係だ。

前述したとおり、キノコアリのグループは、社会がシンプルで小さいものから、中程度、そしてハキリアリのように数百万もの働きアリがいる複雑で巨大なものと進化段階がさまざまなものが現存している珍しい動物群だ。僕はそれぞれ2～3種取り上げられるように目論見ながらサンプリングを行い、発音の頻度やタイプをデータ化していった。

その結果……シンプルな社会のアリも腹柄節を使って音を出してはいる。しかし、その頻度は低いものであった。中程度の社会進化のグループはシンプルなグループよりは有意におしゃべりだったものの、ハキリアリよりは寡黙であった。そして、ハキリアリは、ものすごいおしゃべりだった。

つまり、社会進化の段階が進むにつれておしゃべりになる傾向がはっきりと現れ、それが統計的にも有意な相関が見られたのだ。こんなデータはこれまでどのような動物群でも見たことがない！

はっきりとデータになって証明された時は、ゾクゾクと鳥肌が立つほどの興奮が全身を包み込んだ。これは、アリだけにはとどまらない普遍的なデータになるぞ！という予感もあった。

どのような動物社会においても、コミュニケーションの頻度や質が、社会の大きさや複雑さを規定するかもしれない。そのことは人間社会にもおし広げて説明することができるかもしれない。新型コロナウイルス感染拡大時に必死に論文を書いている時、「こんなにコミュニケーションが分断されてしまった社会では、今後大きな社会不安が起こるかもな……。僕のデータからはそれが見える」と思っていた。

そして、2023年はまさにそのような社会不安が世界中で噴出した1年になってしまった。ウクライナ戦争、ガザ地区とイスラエルの戦争、東アジア情勢などなど。やはりコミュニケーションは対面で密に行わないと、協力行動や利他的な行動は生まれてこないのだ。

あまりおしゃべりをしていなかったシンプルな社会のキノコアリは、そもそもあまり動かず、働かない。大学院生時に行った個体識別を施した50時間の行動観察では、約3割の働きアリがまったく働いていなかった。キノコを育てる「農業」をするアリとしては、非常に効率がいいというか、要領のいい生き方をしているアリたちだ。

一方で、四六時中うるさいほどおしゃべりをするハキリアリは働き者で、むしろ働きすぎの社会だ。ハキリアリの働きアリは皆、何かしら役割を担い、システマチックに動いている。葉を切り出す仕事、巣に運ばれた葉っぱを細かくする仕事、キノコ畑のメンテナンスに幼虫のお世話、巣穴の防衛など、体の大きさによって分担された労働は30を超える。働いている個体は、50時間観察で脅威の約97％！

それぞれが効率よく、ほぼ24時間休みなく働き、複雑な社会を維持している。

ここで重要になるのは、シンプルで小さく、そして寡黙な社会も、超巨大で擦り切れるまで働いて、めちゃくちゃおしゃべりする社会も、どれもこれもこの地球上の環境に適応して長い時間存在し続けている、という事実だ。

人間社会はどうしてもゼロか１００かみたいな極端な思考を押し付けがちだ。この巨大な社会からふり落とされないためには、あなたは擦り切れるまで働かなくてはならないし、社会への奉仕をしなくてはならない。それができなければ、社会から退場してもらうしかない。これは自然の摂理でもあるのだ。働かざる者食うべからず！みたいな。

しかしですね、実態はそうでもないですよ、と。その辺は次の章で解説していきたい。

中間管理職はよくしゃべる

ハキリアリは非常におしゃべりだけれど、役割によって差があることもわかった。傾向として、大型の働きアリは比較的おとなしい。巣の中にいるとあまり仕事をしていないように見えるが、担当しているのは、巣のガードや修復などパワー仕事。「ギーギー」

といった警戒音は出すけれど、あまり細かなコミュニケーションは取っていなかった。

一方で、おしゃべりなのが中型の働きアリだ。15分間に７７００回ぶつぶつ言っていたアリもこのサイズだった。役割としては、葉っぱを切って運んだり、外から帰ってきたアリの体をきれいにしたり。口移しで栄養を渡す「栄養交換」も中型の働きアリの仕事だ。

担っているのは、全体のマネジメントや調整、各部署をつないで動きまわる仕事。いわば中間管理職だ。そんなマルチタスクのマネージャー的働きアリは、音を使って、ほかのアリたちとしっかりコミュニケーションすることが必要になっているものと推定される。

小型の働きアリの中でも目立っておしゃべりなのは、子育てやキノコ畑の世話を担うアリだ。一口にキノコ畑の世話といっても、その中で役割が細かく分かれている。吐き戻して肥料をあげる係があれば、液状フンを与える係がいて、キノコ畑にとって悪い菌を取り除く担当がいれば、古くなったキノコを切り取り、ゴミ捨て場に捨てに行く仕事もある。そんな彼女たちがおしゃべりなのも、やはり、労働において連携が必要だからだろう。

これは人間社会を考えても、なんとなくイメージできるのではないだろうか。僕はサラリーマンの世界は詳しくないけれど、社長があまりベラベラとしゃべり続けるような会社はちょっと先行きに不安を覚える。社長の仕事は、部下とのコミュニケーションなどではなく、ビジネスの方向性や社会との結節点を見つけ出す、比較的寡黙で頭を使う役割なのだと思っている。

一方、中間管理職は、若手からベテランまで幅広く仕事の様子を見て、若手には適切なアドバイスを、ベテランには励ましや根回しやゴマスリを、そして各部署との密な調整をし、取引先と交渉をしたりしている（のだと思う）。なかなか大変だよなぁ。僕もいわゆる一般的なサラリーマンとは違うが、准教授という中途半端な中間管理職なので、気持ちはよくわかる。

アリは何をしゃべっているのか？

では、ハキリアリは何をしゃべっているのか？　録音してそれぞれの音を分類し、音素解析したところ、約40タイプの音を抽出することができた。ただし、アリに施した刺激や状況と音の対応関係が明確で、統計的に有意でなくてはならない。40の音のうち、すべてで統計的有意差が出たわけではないが、少なくとも10種類以上は異なる音と判別することができた。それらは、次のようなシチュエーションで発せられる声だ。

・ピンセットでつまむ　「キキキキキキキ」
・オーツ麦（菌のエサ）で埋める　「キキキキキキキキキ」
・マメ科の葉っぱを切る　「ドゥルドゥルドゥルドゥル」
・オトギリソウ科の葉っぱを切る　「キュキュキュキュキョキョキュ」
・オウムバナ科の花を切る　「トルルルルルル」
・キノコ畑の上での警戒音　「トトトトトトト」
・ゴミ捨て場の近くで特異的な音　「ワンワンワン」
・巣穴の入り口付近での警戒音　「ギュギョギュ」
・トレイルで鳴る警戒音　「ギュッギュッギュッ」
・幼虫の世話　「ギュンギュン」
・女王アリの警報　「ザ！ザ！ザ！」

ピンセットでつままれたり、穴に埋まったりした時には「キキキキキキキ」とテンポのいい音を発する。「やめろ、やめろ」「助けて、助けて」といったシグナルを発し、仲間に危険を伝達するとともに、自分の身の安全確保という意味合いもあると考えている。

室内実験から、ハキリアリが好む植物とそこまでではない植物を明らかにしていたので、それを実験的に与えた時にどういう音を出すかも調べてみた。

柔らかなマメ科の植物を切っている時は、「ドゥルドゥルドゥルドゥル」と、とてもリズミカルな音を出していて、「この葉っぱはいいぞ！　みんな集まれ!!」という働きアリの訴えかけがよく伝わってくる。

オウムバナ科の花はそこそこ好きな植物なので、「トルルルルルル」と、やや軽めの音を出す。「まあ、よければ集まってください」という感じだ。

そして葉が硬く、あまり好みではないオトギリソウ科の葉を切っている時は「キュキユキユキョキョキュ」という音を出す。「うーん、この葉は硬くてイマイチだな」といった情報を伝えているものと推測している。

そのほか、幼虫のお世話をする時の「ギュンギュン」や、キノコ畑の上で発する「トトトトトトトト」といった警戒音など、聞いてもらえると、その違いは一耳瞭然だ（P

247のQRコードから聞くことができます）。

録音した中でも非常に印象深かったのが、女王アリの発する音だ。ハキリアリの女王は1万5000種いるアリの中でも最大サイズ。女王アリと働きアリでは、音質も声の大きさもまったく違う。女王アリの音は周波数に幅があり、高音から低音まで出るし音も大きい。また、言葉のバリエーションはないけれど、メッセージ性は高い。

そして女王は時に「ザ！ザ！ザ！」と迫力のある音を発する。そしてその音には、ちょっと恐ろしい機能が備わっている。

働きアリをその場にフリーズさせてしまうのだ。

ハキリアリだけでなく、女王アリは敵に襲われるなど危機的状況に陥った時、まず自分だけが真っ先に逃げる。働きアリにはその場にとどまり戦ってもらわないといけない。特にハキリアリは女王が音でそのことを働きアリに伝えていると考えている。

「女王アリはなんて卑怯なんだ！」と思うかもしれないが、卵を産む女王アリが逃げ延びることができなければ、次世代が生み出せず、働きアリの存在意義も著しく低下してしまう。ハキリアリの働きアリは卵巣が完全に消失してしまっているため、是が非でも女王アリには長生きしてもらい、卵をたくさん産んでもらうしかない。

人間の常識からすると残酷に見えるかもしれない、この極限状態での女王アリと働きアリの音声コミュニケーションには、「真社会性」昆虫の真髄が詰まっているとも言える。

難航中のプレイバック実験

音声コミュニケーションを研究する上で、避けて通れない実験が、プレイバック実験だ。これは、録音・解析した音が実際に機能するのかどうかを検証するものである。しかし、このプレイバック実験は、アリではいまだにきれいに成功した例は少ない。

これまで実験室内や野外で、かなりの回数と時間をこのプレイバック実験に費やしている。たとえば、ハキリアリがあまり好きではない葉っぱの下に小型のスピーカーを置き、ハキリアリの好きな「マメ科の葉っぱ」を切る時の音声を流す。実際に置かれている葉っぱは好きではないのに、音声を聞いたほかのアリたちが引き寄せられれば、音の効果、音声によるコミュニケーションが成立しているという証明になる。

しかし、この実験の結果がかんばしくない。寄ってきているような、ただただうるさいから排除しにきているような、どちらとも取れるような曖昧《あいまい》な行動ばかりで、コントロール群（比較グループ）と有意な差が出せるような感じではない。

問題は、音声をかなり加工していることにある。アリの発する音がかなり小さいために、まずはコンデンサマイクで微弱な振動を電気信号に変換しているのだが、そこで実際のシグナルと大きな違いが出ている可能性がある。さらに、それをアンプで増幅する際にも音が変換され、コンピュータ上でノイズ除去などの操作を加えることで、もともとの音とは似ても似つかないものになっているかもしれない。スピーカーの再生能力の影響もあるだろう。

また、もっとも反応のいい警戒音にしても、実験を繰り返すとシグナルに慣れてしまうという問題もある。アリの発する音は常に変化しながら、状況を説明するものなのだろう。１分も同じシグナルが発せられるのはあまりに不自然、ということだと思われる。

このように、プレイバック実験はトライアンドエラーを繰り返しながら、少しずつ少しずつデータが蓄積しつつある。いつの日か、アリと会話をする日を夢見て、研究を進めていく。期待して待っていてほしい。

音か？　フェロモンか？

ハキリアリのコミュニケーションにおいて、音と匂い物質、フェロモンなどの化学物質と、どちらが重要なのだろうか？

この研究を進めていく中で、いろいろな研究者に話を聞いてもらった。現在、基礎生物研究所の所長をされている阿形清和博士にも聞いてもらったところ、阿形先生からはこんなアドバイスをいただいた。

「うん、面白い！　僕なら音がない状態、フェロモンのない状態で行動がどう変化するかを見ると思う。それが必須じゃない？」

（音を出さない状態？？　簡単に言うけれど、めちゃくちゃ難しいじゃん！）と心の中で思いつつ、「……なるほど、ですね」と精いっぱい答えたのだった。

が、そこから苦心して、アリにフェロモン、あるいは、音を出せなくする技術を磨いた。生物に影響が出にくい成分でできたボンドでアリの発音器官やフェロモンの分泌腺（腹部末端）を塞ぐ練習をはじめたのだ。当初はまったく不可能に思えた作業であったが、徐々にうまくなっていく。

ほどなくして、発音器官がある後腹柄節の部分だけにピッタリボンドをジャストフィットさせる技術を修得。何事もチャレンジするもんだ！　コツコツと1個体1個体に施術していく。

一つのグループに8個体の処置した働きアリを準備する。それを10個用意するので80個体。発音器官、腹部末端のフェロモン分泌腺、そしてコントロール（比較グループ）としてあまり行動に影響なさそうな胸部の背中側、この三つの群を作るので、合計240個体。

予備実験を含めると、合計3回実験を行うので、総処置数は720個体！　処置後に死んでしまう個体も少し出てしまったので、実際には800個体近くにチマチマ、コツコツとボンドを塗り続けた。

そのアリたちをプラスチックケースに入れ、そこには0・20gのキノコ畑、チューブでつないだ別のケースにはキノコ畑の基質となるオーツ麦（菌のエサ）を0・50g設置。1週間、行動観察をしながら維持する。その後、またキノコ畑の重さを量れば、

音はどれくらい社会行動に影響があるの？ 実験してみた

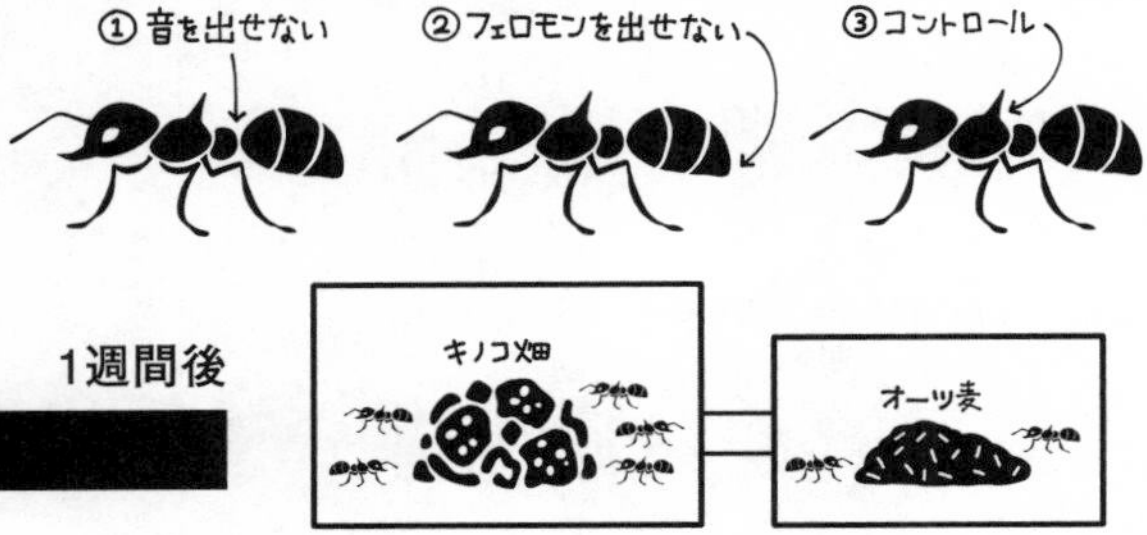

[redacted]

1. 左のケースに菌園（キノコ畑）0.2gと小型・中型ワーカー8個体を入れる
2. 右のケースにはオーツ麦を0.5g投入
3. ①は音を出せないように接着剤で発声器官を固定、②はフェロモンを出せないように腹部末端を接着剤で固定、③はコントロール。それぞれを10コロニー作成
4. 死んだ個体を発見した場合は、8固体を維持するよう新しい個体を投入
5. 毎日、コロニーの様子を5分間行動観察し、1週間後に菌園、葉、オーツ麦の重量を測定

どれくらいの影響が出たのかをデータとしてバシッとお示しすることができる。素晴らしい実験系だ！

結果は……大成功！　僕にとっては予想外のそして興味深いものだった。詳細はまだつまびらかにできないが、僕としてはさすがにフェロモンがいちばんのコミュニケーション手段かと思っていたのだが、そうはならなかった。音のほうがフェロモンに勝ったのだ！

つまり、ほかの個体と協力しながら行う社会行動、複雑な利他的な行動には、フェロモンよりも音声コミュニケーションのほうが利いているという可能性を示すことができた。

これは大きな発見だ。おしゃべりをしている社会のほうが、より複雑なタスクをこなすフェロモンよりおしゃべりが大事だった!

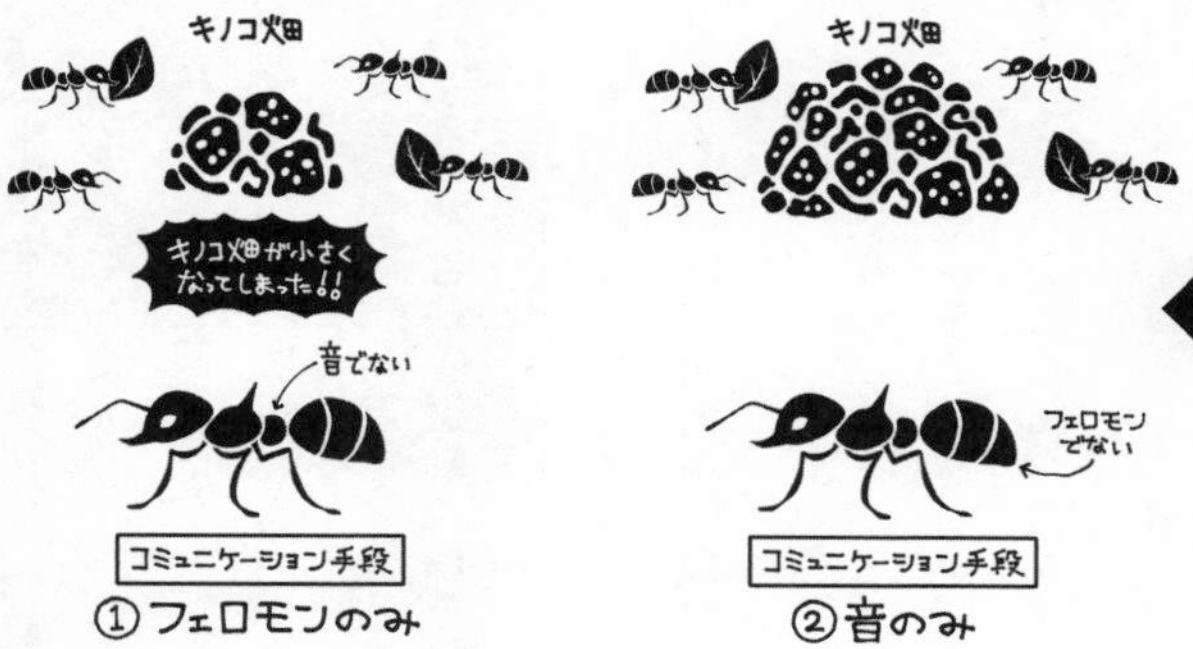

ことができる。それが実験から明らかになったのだ。

アリにとってフェロモンをはじめとした化学物質は、重要なコミュニケーション手段であることに間違いはない。これまでの研究で明らかになったフェロモンの種類は70種類もあり、目的に応じて使い分けられている。

同じ巣の仲間かどうかを見分けられるのは、体表の炭化水素という匂い物質の組成の違いがあるからだし、クロクサアリなどが上手に行列を作ることができるのも道標フェロモンがあるからだ。

ただし、フェロモンなどの化学物質の弱点は、反応の遅さと融通の効かなさにある。情報を感知して、分泌腺から特定の化学物質を出し、相手がそれを触角で察知しなくてはならず、タイムラグが生じてしまう。

たとえば、急に敵が襲ってきた時に、フェロモンを出して逃げることを促そうとしても、間に合わない可能性のほうが高い。また、狭い空間の中でいろいろな化学物質の匂いが出ていたらシグナルが混ざって混乱してしまう可能性も否定できない。

その点、音、特に基質振動音はその問題点をクリアできるだろう。なんせ発音器官をこすり合わせて音を出すわけだから、スピードが違う。また、ある程度のギザギザの多様性があれば、いろんな音を瞬時に分けて発することも可能だ。

フェロモンと違い、発信源からの距離で音は正確に減衰するので、シグナルの混在もフェロモンよりは少ない。

しかしながら、今のところ、アリに関する音声コミュニケーションの詳細な研究は驚くほど少ない。だからこそ僕の研究には価値があるし、希少性が高すぎてなかなか論文が通らないということにもつながっている。がんばるしかない。

コミュニケーション不足で自分勝手に⁉

コミュニケーション手段が制限されることで、影響が出たのはキノコ畑の大きさだけではない。実験期間中に行った毎日の行動観察から「コミュニケーションを阻害したグループでは有意に利己的行動が増えた」ことも明らかになった。

これはフェロモンを出せなくしたグループも音を出せなくしたグループも共通で、巣を守るなどの自己犠牲の行動が減少し、ぶらぶら歩き回ったりする行動が増えた。

やはり協力行動や利他的行動にはほかの個体との密接な交流・コミュニケーションが必須なのだろう。それができなくなると、いくら血縁が近く仲間だと認識できても、「いや、私は関係ないし」となってしまうのかもしれない。

プラスチックケースの中で、うろうろとさまよい歩くアリを見ていると、コミュニケーションが担うのは、単なる情報の伝達だけではないと思わされる。

音声のコミュニケーションがどこまでアリの行動に影響を与えているのか。研究を進めれば進めるほど、疑問と興味が湧いてくる。実験アイデアがどんどん湧き出している。

そのため2023年3月、僕はハキリアリをオランダから輸入した。その時のすったもんだはコラム①でお話ししたとおりだ。そして今、僕の研究室の隣の一室でハキリアリたちは順調にキノコ畑を拡張し続けている。

どんな実験を目論んでいるのか、残念ながらまだ公表はできない。日本でハキリアリを研究対象にしているのは僕だけだが、世界にはライバルがたくさんいる。生き馬の目を抜くのが研究の世界だ。研究アイデアはギリギリまで隠しておかなくては！　みんなに言いたいし、意見を聞いてみたいけれど、このお話は次の機会まで待っていてほしい。

人間社会の進化と「コミュ力」

社会の複雑さとコミュニケーションの量には相関関係がある。

協力行動や利他行動には、仲間と情報を共有することが欠かせない。

アリが教えてくれたこれらのことを踏まえ、人間社会を改めて見つめてみると、近代資本主義社会の限界というものが浮き彫りになってくる。

急速に社会が大きくなればなるほど、それを維持するためにより一層の緊密なコミュニケーションが求められ、現代社会は異常なまでに「コミュ力」が重視されるようになった。

しかし、急速な社会の巨大化、そしてそれにともなう変化は、すべての人々に合致したものとはなっていない。たとえば、コミュニケーションをあまり密に取ると強いストレスを感じてしまうような人は一定数存在する。現代社会ではそれを十把一絡《じっぱひとから》げにして「コミュ障」などと揶揄《やゆ》してしまう。もしくは自虐的に自称し、自らの存在を危うくしてしまう。１９９０年代の初頭バブル経済までの日本であれば、一つの価値観、たとえば経済合理性や資本主義といった旗印で、ほとんどの国民が一つになれた。明日の発展を夢見れば、疲れた体や強いストレスも我慢できた。しかし、それは単なる幻想にすぎなかったわけだ。幻想のバブルが弾け飛んだあとの30年以上の間、日本社会は次の目標を見定められず、世界から置いてきぼりをくってしまった。

そしてその世界ですら、戦後世界の安定に寄与していた資本主義と民主主義という大原則が崩れかけ、不安定化してしまっている。人間社会は急速に大きくなりすぎた。

アリは５０００万年くらいかけてゆっくりと枝分かれし、時の洗礼を受け、それぞれの環境に適したライフスタイルが選ばれ、今に至っている。しかし人間が地球に現れたのはわずか20万年前。急速に社会が大きくかつ複雑になったのはここ数百年の話で、時の洗礼なんてまだ何も受けていない。つまり、何が適したライフスタイルかどうか、まだ誰もわからないのだ。

アリの社会、そしてアリの音声コミュニケーション研究から、人間社会を見つめなおすと「ここらで一回、どれくらいの社会が人間にとって持続可能なサイズで、許容できる多様性なのか、考えなおしたほうがいいのではないか？」という問いかけが浮かんでくる。アリのような深い知恵も経験も、懐の深い受容性もそれに裏打ちされた多様な社会もなーんにも持ち合わせていない僕たち人間。もっと謙虚に、慎《つつ》ましやかに、物事を眺めてみる時期に差しかかっているのかもしれない。

アリの音声コミュニケーションの研究は、とても基礎的な研究ではあるけれど、深い社会的なテーマを含んでいると僕は思っている。

『アリ語辞典』への手応え

キノコアリの音声コミュニケーションの研究をはじめて11年。ハキリアリの音声を聞くだけで、「調子よく、葉っぱを切ってるな」とか「何か、警戒してるぞ」といったことがある程度わかるようになってきた。一方で、音声と行動とを関連づけることができず、「明らかにしゃべっているのにどんな意味かがわからない！」といった音もまだまだたくさんある。

意味を解明しきれないモヤモヤやもどかしさはあるけれど、研究開始当初に夢見た『アリ語辞典』に、少しずつ近づいていっている。

前述したように、情報科学を専門とする大学院生がスッと自動解析のプログラムをかけるような時代に突入している。人間がやらなければならない泥臭い部分はすでにこの研究では突破している。あとは、機械学習で膨大な量の音をどんどん入力していけば、ある程度自動的に「言語」体系、そしてアリ語の辞書が完成するのではないか。僕は今、そういった手応えを感じている。

文部科学省が2020年に発表した『科学技術白書』では、「発話ができない人や動物等が言語表現を理解したり、自分の意志を言語にして表現することができるポータブル会話装置」が2031年に科学技術的に実現し、2034年に社会的に実現すると書かれている。

東京大学の大学院ではついに動物言語学に関するプロジェクトが進みはじめた。まだ、鳥や哺乳類が中心だが、いずれアリもその仲間に入れていただきたい！

DeepLやChatGPTそしてGoogle Bardなどが登場し、『ドラえもん』のほんやくコンニャクとまではいかないものの自動翻訳がほぼ実現されつつある現代。アリの言葉を翻訳するようなデバイスだって開発できるはずだ。僕が言い続けている「アリリンガル」だって荒唐無稽《こうとうむけい》な話ではないのだ。

僕は今、小学生や中学生を対象にした講座「九州ジュニアドクタープログラム」を運営・実行する役目を担っている。JST（科学技術振興機構）の次世代育成プロジェクトの助成を受け、一般社団法人九州オープンユニバーシティが主催するもので、参加する子どもたちは、生きものや環境に強い興味と関心を抱いている子たちだ。そんな子どもたちとともに、アリとおしゃべりをする機械を考えていきたいと思っている。

目指すのはハキリアリとの共存

僕の研究はいわゆる「基礎研究」にあたるものだけれど、音声コミュニケーションの研究は、持続可能な社会を作るために活用できるものだと思っている。

実際、いくつかのプロジェクトが具体的に動いていて、その一つがアリの防除だ。ハキリアリは、僕らのような虫屋から見るとアイドルのような魅力的なアリだけれど、現地では大変な農業害虫である。

ハキリアリは、一つの巨大なコロニーを維持するために、年間数トンもの葉っぱを運んでいる。自然環境下、特に熱帯林の生態系の中では、うっそうとした森に光を入れ、森を更新させる「更新者」の役割を持つ。また、意外と貧弱な熱帯林やパンパの土壌に、数mの地下にまで有機物をすき込み、空気も大量に取り込んで豊かな土壌を形成する。

そんな大切な役割を担っているハキリアリだが、人間社会とコミットしてしまうと、残念ながら農業害虫になってしまうのだ。たとえば、ブラジルでは国家予算の約10％がハキリアリ対策の予算として計上されている。そのほとんどが化学物質（農薬・殺虫剤）を使った防除で、環境に対して大きな負の影響を与えている。

僕は、ここにアリと腹を割って話すことでの解決を目論んでいる。ハキリアリに「こっちに来ないでね」とか、「向こうの雑草を刈ってくださいね」と伝え、納得させることができれば、深刻な農業被害を円満解決できるだろう。

前著でも披露したこのアイデアだが進展があった。ドイツの医薬・農薬メーカーが僕のハキリアリの音声研究に興味を持ってくれたのだ。日本でもSDGsが叫ばれていて、企業も意識的に取り入れてはいる。しかしながら、残念なことにまだまだ一種のファッションとして取り組んでいる企業がほとんどだ。

一方、ヨーロッパではすでに、環境に配慮しないビジネスというのはあり得ない。そこまで意識改革が進んでいる。これまでのコスト重視から、環境負荷の軽減に注力し代替手段への研究に取り組まなければ、資金を引き上げるという出資者からの非常に強い圧力がある。地球環境のことを考えない企業はビジネスの世界から退場させられるのだ。

現に、まだ論文がアクセプトされていない段階の、極東日本で地味に研究している僕のところに共同研究のアプローチをかけてくるのだから、その真剣さがわかる。先方の担当者にプレゼンテーションをした時は、かなり具体的な質問も飛び出した。うまくデータが取れれば、ブラジルで実証実験をすることができるかもしれない。

アリの音声コミュニケーション研究は侵略的外来生物のヒアリにも応用できるだろう。ヒアリの防除に関しては、これまでさまざまなチャレンジがされてきた。たとえば、アメリカではヒアリの防除の研究を80年続けている。天敵であるハエを使った「生物防除」やウイルス導入試験など、かなりのアイデアや時間、そして資金を投入してきたが、いまだ実用化にいたっていない。

そこで、「音」の出番だ。僕は２０１９年に台湾のヒアリ防除ベンチャー企業「モンスターアグロテック」と共同で、ヒアリの巣の上に小型スピーカーを設置する実験を実施。とある音声を流し、近くのプラスチック容器（通称「ヒアリホイホイ」）に誘導することに成功している。新型コロナウイルスの流行もあって、実験はストップしているが、こちらも実用化が期待できる。

実際に、応用できるようになるまでにさまざまな紆余《うよ》曲折が待っているのだろう。僕がチャレンジしようとしているブラジルの農園は広大で、ハキリアリの巣がいたるところにある。ヒアリだって、アメリカ南部に果てしなく広がっていて防除など不可能なレベルだ。どこまで効果が出るのか、これから少しずつ検証していくつもりだ。

そう、可能性がある以上、僕はチャレンジをする。ハキリアリと共生する未来のほうが断然、素敵だと思うから。

アリと人類の新しい関係を目指して

僕が研究しているアリの音声コミュニケーション研究が社会で実用化できた場合、農業被害は低減されるし、化学物質を使わないから地球にやさしいし、膨大な殺虫剤や農薬のコストが削減され、経済的にもメリットがある。

もちろん、それらはとても重要だけれど、研究者としてより強く思うのは、人間と昆虫との間に次の世界を切り拓く新しい関係性を構築してみたい、ということだ。それこそが本当のイノベーションだと思っている。

イノベーションという外来語は、「社会を変えるほどのインパクトを持つ技術の革新、工程や製法の刷新」という意味だ。僕はあまり使ったことはないが、「音楽を携帯する」を実現したSONYのウォークマンであったり、最近ようやくスマホに乗り換えたことで使いはじめたアップルのiPhoneなどがイノベーションの代表例だとされている。

でも、僕は「それって、本当にイノベーションなのかなぁ」と思ってしまう。というのも、こうした技術や製品は、いつか枯渇してしまう原材料に依存したものだ。再生産が不可能な材料に依存した技術は、原理的に持続可能性はゼロだ。持続可能性がまったくないものを作り出したところで、それは泡沫《うたかた》の夢で、いっときの慰めにしかならないのではないか。

本来のイノベーションとは、次のような事例なのではないかと思っている。

ミツバチを家畜化して養蜂をはじめたこと。カイコによる生糸生産を行ったこと。こうした動物と人間とが長い時間持続し、お互いの利益を増幅する関係性を築いた瞬間こそが、本当のイノベーションと言えるのではないか。

養蜂の起源は紀元前６０００年頃で、スペイン東部にあるアラーニャ洞窟《どうくつ》には飛び交うミツバチと採蜜をする人間の姿が描かれている。また、カイコは中国で６０００年ほど前に、生糸をとるために野生のガのクワコを品種改良して家畜化したことからはじまった。

農業が進化した約１万年前からカイコとの共生関係が築かれた６０００年前くらいで、

本来の意味での持続可能で劇的なイノベーションは止まっている。以降、新しい動植物との共生関係を見つけ出せていない。

僕らは、その遺産を細々と食い潰しているにすぎない。一見ど派手に発展しているように見える人間の社会だが、本質的な部分では新しいことをまったく生み出してはいない。これは、発達した脳でどの生物よりも脆弱《ぜいじゃく》な体を補ってきた人間からすると、危機的な怠慢なのではないだろうか？


僕もチャレンジを続けているが、若い学生にはもっとユニークな考えを持っている人がいる。九州大学で共同研究をしている池永照美さんはものすごいプロジェクトを進めている。なんと、カイコに素材を作ってもらい、それをアリに縫製してもらい洋服を作ろうというのだ。

そのプロジェクト名は「biocouture（バイオクチュール）」。「bio」は生物、「couture」は仕立てという意味がある。

第1章で紹介した、幼虫が吐き出す糸で葉っぱを紡いで巣を作るクロトゲアリの習性を利用して、洋服を作ろうというのだ。

人間×アリ×カイコのコラボレーション！　究極のエシカルファッションだ。アパレル業界で大きな問題となっている環境負荷やエネルギーの問題を根本的に解決する力を持つ。

これらの研究は、今の環境問題の解決を目指しているだけではない。６０００年後の人間社会へのギフトになるのではないか、と考えている。僕が生きている間に、成果を形にできなかったとしても、アイデアを公表して研究論文を残すことで、きっと未来に生きる誰かが引き継いでくれるだろう。

一人の研究者の仮説と実験と発見がバトンリレーのようにつながり、謎が解明され、新しい共生関係が生まれる。目先の利益や名誉を乗り越え、我欲を追求するだけではないものが研究の中にはある。それがいちばんの面白さなのかもしれない。

コラム❹　アリの飼い方

アリの飼育のコツ

この本の読者の中でどれくらいの方がアリの飼育に興味があるのか、まったくの未知数なのだが、僕が30年以上続けているアリの飼育のコツや方法をここに簡単に説明していく。アリの飼育のコツとはいえ、いろいろな場面で応用が利くのではないだろうか。

コツ①　世話をしすぎない

意外に思われるかもしれないが、毎日毎日一生懸命お世話をすると、あまりよくない。もちろん自分が息切れするという意味もあるが、それ以上に問題になるのがアリが増えすぎると突然コロニーがクラッシュしてしまうからだ。

島田拓さんのような例外的な天才ならよいのだが、数十年という長きにわたってアリの飼育をコツコツと続けていくには、ほどよくお世話をすることが重要だ。

たとえば、フタフシアリ亜科の多くのアリは1週間に1回程度多めの食料を供給すると、比較的安定する。これが週2回になるとコロニーの成長がよすぎて、飼育容器や食事量をコントロールすることが難しくなる。ハキリアリのように特殊なアリはもちろん毎日の世話が必須だ。

コツ②　食料より水分が大事

食料よりも重要なのが適度な水分供給だ。あげなさすぎてカラカラになってもダメだが、あげすぎてカビが生えるような状態でもダメだ。また、飼育容器には石膏と水を1：1で固めたものを数日間乾燥させたものを使うといい。

石膏は水分を適度に保持してくれるので、アリの健康状態がよくなる。水やりの頻度はその時の温度や湿度で変わってくるのでなんともいえないが、指で触ってカラカラだな、となるとまずい。しっとりするくらいの状態をキープできるように管理するといい。

コツ③　清潔にする

アリは集団で狭い空間で生活する。したがって感染症には敏感な習性を持つ。しかしながら、人工飼育環境下ではそれも限界があるので、ある程度人間が世話をする必要がある。

まず、人工巣を作る際の石膏に活性炭（粉末の炭）を混ぜるのがオススメだ。これには微生物の繁殖を抑制する効果がある。また、石膏にコケなどが生えるのは構わないが、カビ、コナダニ、トビムシなどが繁殖しすぎると著しく環境が悪化することもあるので1か月に1回は軽く石膏の表面を削りながら掃除をしよう。

コツ④　1日1回、ちらっと見る

コツ①とも関連するが、目をかけすぎてもダメだが、目を離しすぎてもダメだ。これは子育てにも共通することだが、1日に1回、ほんの数十秒でもいいので飼育しているケースを眺めましょう。それだけで全然違う。不思議である。

僕が30年のアリを飼育した経験の中で、多くのアリが失われてしまった時期がある。直近では2017年。6月から9月まで続いたヒアリ騒動の時だ。その時は30コロニーくらい飼育していたのだが、半分くらいがダメになってしまった。4か月の間、週に1回は食料をあげていたにもかかわらず、あまりに忙しくて日々の「チラ見」ができなかった。単純に食料や清潔を保つだけでは足りない。不思議なものだが、事実だ。

コツ⑤　責任を持って飼い切る

これは本当に難しい。一回人工飼育下に置かれた生物は野生に戻してはいけない。これはよくあるミスだが、ある程度の期間を人工飼育下で過ごした生物には、野外では存在しない微生物がくっついている可能性がある。また、食料の中に含まれる成分も完全には野外のものとは同じではないので、フンも含めて環境汚染してしまう可能性がある。したがって、一回飼育をはじめたら、その生きものの命が尽きるまで大事に育てる。それが、アリの飼育には強く求められる。

ハキリアリの飼い方講座

さて、一般的なアリの飼育のコツをご理解いただいたところで、我が研究室にいるハキリアリについてだ。輸入にはいろいろすったもんだがあったけれど、2023年3月、僕の研究室にハキリアリがやってきた。

ハキリアリを研究しはじめてすでに30年。パナマにテキサス、カンザスと合計5年間くらい、ハキリアリを飼育してきた。そのノウハウは蓄積している。日本では誰の役にも立たないが、ハキリアリの飼育についてもここに記しておきたいと思う。

まず、ハキリアリが刈る植物について。中南米であれば、生育している植物の90%以上をハキリアリは刈り取る。そして育てているキノコの基質（シイタケの榾木《ほたぎ》みたいな役割）として利用できる。しかし、アメリカや日本の植物だと好き嫌いがある。それもかなりはっきりとしている。

アメリカで飼育していた時も植物の確保は難しい問題だった。いろいろと試してみてOak（カシの木）の葉がいちばんということで、大量に集めて冷凍庫で保存しておいた。

日本では意外にスイバやギシギシといったシュウ酸たっぷりの植物やアジサイ（アルカロイド毒）の葉もけっこう利用している。そして安定しているのはコナラ、いちばん好きなのがクリである。

対して嫌いなのが、サクラとツツジだ。サクラの葉に含まれる芳香成分「クマリン」という物質（桜餅の匂いのもとだ）がダメで、ツツジに入っている「ベンツアルデヒド」も忌避効果が確認された。

アリたちは自分の好みで葉っぱや花を選んでいるわけではない（自分たちが食べるわけではないからね）。育てているキノコたちが欲しているから、選んでいるのだ。どうやってキノコの好みをリサーチするのか？　もしかするとハキリアリたちはアリ同士だけではなく、キノコとも会話ができるのかもしれない。

ハキリアリたちは、季節によって、そしてキノコの生育状況によってけっこう細かく好みを変えるので、様子を見ながら、供給する植物のタイプを変えていく必要がある。それもハキリアリに関しては毎日葉や花を入れる必要がある。それにプラスして、昆虫ゼリーやオーツ麦などをたまに入れてあげて、キノコの生育を手助けしてあげる。なかなか飼育には気を使うアリではある（でも基本的には楽なほうである）。

農林水産大臣が認めた部屋で

ハキリアリがいるのは、僕の研究室の隣の部屋だ。扉には農林水産大臣の許可証を掲げている。二重扉にカギ付きの部屋で、スチール製のオフィスキャビネットの中にアリの飼育用水槽をおさめている（巻頭写真④参照）。

20ℓの水槽を三つで、一つのコロニーだ。水槽の一つは葉っぱやオーツ麦、昆虫ゼリーを設置。もう一つにはハキリアリたちがキノコ畑を作りやすいように石膏を全面に敷いた大きめのプラスチックケースをいくつも置いておく。その中にキノコ畑が増設されていく。

そして、真ん中のケースはゴミ捨て場として利用してもらう。それぞれのケースはチューブでつないでおり、葉っぱを運ぶ様子やゴミ捨ての様子を眺めては、「デュフフ」となっているわけだ。

アリ部屋はもちろん、エアコンで24時間空調。気温は22～23℃、湿度70％程度の環境をキープしている。ただ、やはり人工飼育の難しさはどうしてもある。

天然のハキリアリの巣には天然の換気システムが構築されている。大きなハキリアリの巣になると、小さなキノコ畑とトンネルが網の目のように配置され、発酵熱が巣の中をまんべんなく循環する。一方で、巣の中の温度と湿度が上がりすぎないよう、巣の脇に地中深くまで謎の空洞が作られていて、冷たい空気が吹き上がるようになっている。

自然条件下であれば、天然のエアコンが作動するのだけれど、人工の巣の中だと空気の対流が起こらない。どんなに調整をしても、カビやダニの発生を防ぐことができないのだ。

キノコ畑にとってカビやダニは大敵。そのため、こまめな掃除は欠かせない。プラスチックグローブをはめて、傷んだ葉っぱや古くなったキノコ畑、アリたちの死骸を集めては、オートクレーブ（高圧蒸気滅菌器）をかけて滅菌して捨てる。大変といえば大変なのだが、やはりすっきりとしたケースの中でワシワシと葉を切るアリたちを見ると、またまた「デュフフ」となってしまう。

20ℓの水槽がキノコ畑で埋まるほどになったら、拡張していく予定だ。拡張されたキノコ畑ケースが三つくらいになったら、実験に着手できるのではないかと思っている。成長が待ち遠しいのだけれど、大きくするリスクもある。先ほども書いたが、もっとも気にすべきは「増やしすぎ」だ。

植物の量を適切に調整しないと、あっという間にキノコ畑は増え続け、12畳一間の部屋を埋め尽くすほどになってしまう。そうなると、僕の限界を超えてしまうため維持が困難になってしまう。ハキリアリに限らず、昆虫の飼育をしていていちばん崩壊を起こしやすいのが、調子よく増えていくタイミングだ。巣が大きくなってきたら、タイミングを逃さず環境も整える必要がある。

今回、1コロニーの中に500個体程度という初期状態のコロニーを四つ入手して、飼育している。うまくいけば10年は生きて、マックス数百万個体にすることもできるはずだ。それを目指して、僕は今日もハキリアリの好きな葉っぱを取りに、大学の森へと入っていく。

第5章　過労死するアリ　サボって長生きするアリ

24時間働くハキリアリ

昆虫ももちろん眠る。昆虫の場合、ある一定程度、活動を止めている時間を「睡眠」と定義するため、人間の睡眠とは若干違うかもしれないが、確かに寝てはいる。それをコントロールしているのは哺乳類とほぼ共通したメカニズムだ。その主役はメラトニンというホルモンであり、それが作り出す「概日《がいじつ》リズム」だ。

概日リズムはいわゆる体内時計のことで、多くの生物が共通で持っている。脳を持たないヒドラでもメラトニンが調整する概日リズム、体内時計が存在しているのだから驚く。

人間の場合、太陽の光が刺激となりメラトニンの機能が低下すると目が覚め、日が落ちて暗くなるとメラトニンが働き出し、眠くなる。第1章で紹介したアカツキアリが未明から日の出までの時間帯にだけ活動するのも、この概日リズムによる。

アリは寝ている時、フェロモンの探知など情報の識別に使われる触角がたたまれ、後ろ脚を縮めて、小さく丸まって寝る。その姿は、とてもかわいらしい。

睡眠をとる時刻やリズムはというと、種によって大きく異なる。日本でもっともよく見られるアリの一つ、クロヤマアリは日中働き、夜６～７時間ほど眠る。ハキリアリは基本的に24時間働いていて15分おきに２～３分ほど寝るだけだ。ただし、地域によっては夜の活性が落ちるという報告もある。

超ハードワーカーのハキリアリと対照的なのがカドフシアリだ。カドフシアリは珍しい種ではないけれど、基本、森の中に生息するため、一般に目にする機会は少ない。黒くつややかで丸っとしていて、とてもキュートだ。このカドフシアリ、なんと１日のうちほとんどの時間は動かない。

社会の複雑さも睡眠時間（労働時間）と関係していて、ハキリアリはアリ全体の中でもっとも大きく複雑な社会を作る。葉っぱをちぎって巣に運び、そこからさらに小さくちぎって発酵させ、キノコを育てる。収穫したキノコを女王アリや幼虫に給餌《きゅうじ》。キノコを育てる農作業だけでなく、コロニーの維持のための労働すべてが分業されている。徹底した役割分担によりコロニーは大きなもので数百万個体となる。

一方、カドフシアリはというとそのコロニーは小さく、50個体程度だ。

寝ないで働くアリは短命

さらに興味深いのは、睡眠時間と寿命の関係だ。クロヤマアリの寿命が2～3年に対し、ハキリアリの寿命はたったの3か月！　そして、1日の大半を寝ているカドフシアリは5～6年も生きる（飼育下だと7年生きた個体もいる）。

同じハキリアリのグループでも起源に近い、社会が小さい種は労働時間が短く、寿命は5年ほどだ。長く寝るほど寿命は長い。言い換えれば、睡眠時間が短い＝労働時間が長いほどアリは短命となる。「働きすぎ」「寝ないで動く」のは、体にストレスを与え、寿命に直結すると考えられる。

睡眠時間と寿命の関係はヒトでも明らかになっている。アメリカで約17万人もの健康データを用いて調査したところ、よい睡眠習慣を持つ人は死亡率が30％下がることが判明。また、日本の自治医大が日本人男性を対象に行った研究では、睡眠時間が6時間以下の人は、7～8時間の人に比べ、死亡率が2・4倍高くなるといった報告もされている。

経済協力開発機構（ＯＥＣＤ）の調査によると、日本人の平均睡眠時間は7時間22分で、先進国33か国の中でもっとも短いそうだ。日本人……生き急いでいるのかもしれない。今は長寿国として知られているが、いつの間にか短命な国になってしまう日も近いのかもしれない。

ただ、一方で思う。たとえば、百億年後、太陽が燃え尽きこの環境が維持できなくなる日をゴールに生物が命をつないでいこう、という時。１０００億世代でゴールまでつなぐのがいいのか、100世代でつなぐのがいいのか、あるいは1世代でゴールに到達するのかは実は生物にとって重要な問題ではない。寿命が短くなることは「悪」というわけではなく、命のバトンをなんとかつないでいく、それが重要なのである。

ただ、命をつなぐことが重要だからといって「子どもを残せない個体には意味がない」などと言うのは、まったくのトンデモ話であり、世迷言《よまいごと》だ。耳を貸さなくていい。

昨今、老齢の政治家が少子化を憂いながら、女性を蔑視する表現として「子どもを云々」といった発言することがある。その背景として生物学を持ち出すことがあるのだが、大変迷惑だ。ほとんどの場合「働きアリ」は不妊で直接は子どもを残せない。にもかかわらず、この地球上に長く、太く存在し続けている。それが答えだ。僕らは子どもを持とうが持つまいが、この地球上に生まれた瞬間に生物としての役割は十分に果たしている。あとはできる限り生きていければ、おつりがくるほどの素晴らしい達成なのだ。

子育て中はアリも睡眠不足

社会を持つ生物にとって重要なことは、みんなで協力しながら次の世代の子どもたちを育てることだ。そのため、アリにとって子育て（もしくは妹育て）は数ある仕事の中でもっとも重要なミッションである。

ハキリアリの場合も、子育ては、それはそれは丁寧に行われる。女王アリから卵を取り上げたら、まずは表面をきれいにして、卵専用の部屋に移す。成長段階によって部屋が替わるため、幼虫になれば幼虫部屋へ、蛹になったら蛹部屋へと移動させる。

幼虫部屋はもっともお世話が大変だ。食料を欲しがるものには菌糸を集めて与え、不快そうにしているものがいれば、幼虫を揺すってあやす。体表面を常にきれいに掃除してあげ、時にはクルクルクルッと回しながら点検もする。おしりから液状のフンが出ればなめ取ってあげる。とにかく24時間絶対に誰かが目をかけ、大事に大事に育てる。

卵は次々と生まれるため（ハキリアリの女王は6分に1個卵を産む！）、子育てを担当する働きアリは大忙しだ。

沖縄に生息する「トゲオオハリアリ」もまた、子育てを丁寧に行う種だ。前著『アリ語で寝言を言いました』でも紹介したが、トゲオオハリアリは「子育て」という役割を与えると、不眠不休で卵や幼虫の世話をする。

岡山大学学術研究院（当時は東京大学大学院在籍）の藤岡春菜博士は、トゲオオハリアリの働きアリを卵・幼虫と同居させ観察。すると、働きアリは、冒頭で話題に出た「概日リズム」を失い、ほぼ24時間、働きっぱなしとなる。一方で、幼虫が蛹の状態になると、通常の生活リズムに戻るという。

卵や幼虫は常に清潔に保たないとカビや病原体によってすぐに死んでしまう。そのため、夜、休むことなくグルーミングをするなどのお世話が必要だ。しかし、蛹は繭《まゆ》に包まれるため、さほどの世話は必要ない。手がかかる間は、自らの睡眠時間を削ってでも大切に面倒を見て、成長すると、そんな生活も終わる。それは人間もアリも同じだ。

ただ、人間と違うのは、トゲオオハリアリの場合、子育てからの〝卒業〟はなかなかやってこないことだ。2～3年の寿命のうち半分程度は子育てにかかわることになる。アリにとって、子育ては重要なミッションだということが改めてよくわかる。

女王の不在で崩れるリズム

もう一つ、子育てのほかに、トゲオオハリアリの概日リズムが崩れる時がある。それは「女王がいなくなった時」だ。実験で、コロニーから女王アリを除くと、働きアリたちは四六時中バタバタバタバタ、忙《せわ》しなく、おちつかない様子で動きはじめる。

もともと、トゲオオハリアリは「ゲマ切り」という儀式を経《へ》て、女王を決める珍しいアリだ。全員、「ゲマ」という翅の痕跡器官を持って生まれ、誰もが産卵個体になる機能とチャンスがある。誰が女王アリになるかは、羽化直後に決まる。働きアリや女王アリに「ゲマ」をかじりとられると働きアリとなり、最後までゲマを残すことができると女王アリとなるのだ。

つまり、トゲオオハリアリの働きアリは誰でも基本、産卵することができる。そのため、なんらかの理由で女王の座が空席となったら、そこから産卵する権利をめぐるドタバタの儀式がはじまるのだ。

ゲマ切りされて失った産卵する機会を再び取り戻すチャンスに、働きアリ同士が牽制《けんせい》しはじめる。「新女王に私がなる！」という意志のもと主導権争いをしているわけではないだろうが、コロニーの中は不穏な状態になってしまうのだ。

しかし、新しい産卵個体が決まるとコロニーが安定するかというとそうでもなく、多くのコロニーは衰退していく。内紛はあまりいい結果は生まない。これはアリに限ったことではないかもしれない。

働きアリの法則について再び

ビジネス系啓発本でよく引き合いに出される「２：６：２」の働きアリの法則。今さら説明する必要もないだろうが念のため解説しておくと、以下の三つがこの法則のポイントとなる。
・集団の中では、「よく働くアリ」が２割、「そこそこ働くアリ」が６割、「あまり働かないアリ」が２割という分布になる。

・「よく働くアリ」の集団、あるいは「よく働かないアリ」の集団に分けると、そこでも、やはり、2：6：2の割合で、「よく働くアリ」「そこそこ働くアリ」「あまり働かないアリ」に分かれる。
・サボるアリも決して「悪」ではなく、不測の事態が起きた時の「遊軍」として意義がある。

こららは、北海道大学の長谷川英祐博士が「シワクシケアリ」を対象に行動観察を行い明らかにした事実なのだが、日本人はこのエピソードが本当に大好きだ。マネジメント論として語られたり、あるいは働かない言い訳としても引き合いに出される。ただ、この「2：6：2」の法則が1万5000種を超える、すべてのアリに当てはまるわけではないことは、前著でもかなり力を込めて説明した。

観察対象となったシワクシケアリは極めて平均的なアリで、個体サイズもコロニーの大きさも、社会構造もごくごく「フツー」なアリだ。

何度も話題に出たが、ハキリアリはよく働く。労働は細分化されていて、僕が調べた限りでは30もの仕事があり、それがシステマチックに分業されている。

働いていないのは全体のわずか1〜2％。それは蛹から出たばかりの個体で、働かないというよりは「働けない」だけである。全員が24時間、仮眠をとる程度の休息しかせず、働き続けている。まるで、バブル期のサラリーマンのようだ。そして、たった３か月で死んでしまう。ヒトにたとえたら、一人前の働き手となったらがむしゃらに働き短命で終わる、過労死のようにも見えるかもしれない。

しかし、ハキリアリのコロニー全体の寿命（≒女王アリの寿命）は10〜15年。最長で20年ととても長い。短命の働きアリが膨大な数存在することで巨大なコロニーがこんなにも長期間維持される。

他方で、ハキリアリと同じキノコアリの仲間でも、起源に近いムカシキノコアリ（ハナビロキノコアリ）だと「まったく働かないアリ」の割合は30％にものぼる。観察していると、ほとんど動いていない印象だ。ただ、ちゃんとキノコ畑は維持できている。

幼虫はキノコ畑に埋もれていて、体表面に生えた菌糸のうち自分の口まで生えてきたものを自分で食べる。働きアリたちはほとんど幼虫のお世話をしない。これは唯一例外的に子育てをしない真社会性昆虫と言っていいだろう。おそらく、幼虫の世話がキノコ畑の世話に置き換わってしまったものと僕は推測している。

過労死するアリが支える超巨大社会と、ゆっくりのんびり自由に、適当にサボりながら全員が長生きする小さな社会、どちらもこの地球上の仕組みとしては適応的だ。さて、僕らはいったいどっちに幸せを感じるだろうか？　僕自身が共感するのは、やっぱりムカシキノコアリのほうだ。みんな自由でサボりながら長生きする社会がいいなぁ。

たった4％だけが働くカドフシアリ

「働かない」という視点で言うと、「カドフシアリ」ほど働かないアリもいないだろう。僕はこのアリを1993年から1998年まで数百コロニー採集し、飼育・行動観察にかなりの時間を費やした。が、行動観察から有用なデータを引き出せたことはない。なにしろ、10時間観察をしても、データシートに記入するべき項目がほとんどないのだ。こんなに研究者泣かせのアリはいない。研究をしていて、データが蓄積していく喜びは大きい。10時間観察してスカスカのデータシートをぼんやり眺め、「あ、行動観察、やめよ」となってしまった。

実際、どれくらい動かないかというと、一つのコロニーの平均サイズは働きアリ50個体、そのうち、働いているのはだいたい2個体程度。その2個体もだいたい数時間しか外に出て食料を探索しない。巣の中にいるカドフシアリたちは、時折、触角を動かしたり、モゾモゾと動くけれど、そこになんの意味があるのかよくわからない。たまさか外勤の働きアリが大物の食料を取ってきた時だけいそいそと群がり、幼虫にも分け与え、またまどろみの世界に戻っていく。

もっとも多少の季節変動はあり、冬になれば1mほど深く潜って冬眠をするし、春になったら多少は外にも出るし、ちょっとした巣の引っ越しもする。まったく何もしていないわけではなく、時間のスケールが違うという言い方もできる。が、動かない。カドフシアリを研究対象に選び、1か月行動観察をした学生さんが、あまりの動かなさに、使えるデータが一切取れず体調を悪くしてしまったという気の毒な話を伝え聞いたが、そうだろうと思う（先述したように、データが取れないということは、研究者にとって絶望を意味する）。

さて、皆さんの目にはカドフシアリはどう映るだろうか？

僕にとってカドフシアリは極端な印象を与えてくれるアリだ。働く2個体は時にとても勇ましい英雄に見える。飼育下では小さなミルワーム（ゴミムシダマシの幼虫）を食料としてあげるのだが、その2個体は果敢にミルワームに飛びかかり、グルングルン振り回されながらも、大アゴを離すことなく食らいつき、やがて仕留める。その姿はまさに猛者《もさ》。英雄といっても過言ではない。

一方で、巣の中を見れば、「あー、姉御は真面目に働いてくれて助かるなぁ」とばかりに、ただただだまどろむカドフシアリが48個体。彼女たちのことも僕は嫌いではない。働こうと働かまいと、ただ、生きている――それだけでいいのだ。

ただ、自分がカドフシアリのように何もしないで一生をすごせと言われたら三日くらいで根を上げると思う。人間の「働きたい」「人のお役に立ちたい」という業《ごう》は思っているよりも深い。

アリから何を学ぶ？

同じ社会性を持つ生物として、人間はアリからどんなことを学べるだろうか？　基本的にはまったく動物群が違うし、仕組みを導入することなど原理的には不可能である。

そこを踏まえた上で、人間社会のどう考えても（生物学的に見て）あまりにおかしな部分をあぶり出せることを期待して論じてみよう。

たとえば「成長神話」。地球上に生息するアリ類の個体数は2・5京個体、生物量はさまざまな推定値があるが、最大値では人間と野生哺乳類を合わせた生物量に匹敵する。そんなアリが毎年毎年、「前年比5％生産量アップ！　目標厳守、未達不可！」みたいなスローガンを掲げてセコセコと働いているわけがない。

環境に合わせて、たくさん食料が確保できればたくさん子どもを育てるし、そうでなければあまり卵は生まれないし、幼虫の成長も遅くなる。あるがままの自然を受け入れ、そのとおりに生きている。

社会とはその環境の激しい変動を少しでも和らげる効果もある。人間の場合、自ら激烈な環境変動を引き起こした上に、より不安定な社会を目指しているように思える。「選択と集中」って誰が何を選んで、どこに集中するんだろう？　それは神様の視点で、非科学的に見えるのだが、為政者や会社の経営者は自分たちを神様とでも思っているのかな？　恐ろしい。

次に、社会における「責任」と「義務」について。

アリの社会において、さまざまな労働の分業は非常にシステマチックに行われている。小さな社会では、齢分業《れいぶんぎょう》。大きな社会では遺伝的にある程度職能が決まってくる。その職能も行動を観察していると、柔軟にお互いを補完し合いながら、コロニーの状態を最適なものにしている。女王アリが全働きアリに朝礼で社訓を叫ばせたり、到達目標を叫ばせたりするわけがない。

働きアリ1個体1個体には最適なタスクに関する判断基準があり、それにしたがって自由に行動していると、それが最適になるようになっている。そこにいわゆる管理や監視の目がガチガチに光っているわけではない。それ自体がものすごいコストになるからだ。

監視や管理の目が光るのは、抜け駆けで産卵する個体が現れる状態になった場合だ。先ほど、ご紹介したように、トゲオオハリアリは産卵個体（女王アリ）が死んでしまうと、残った働きアリの中から、次の産卵個体が出てくる。交尾をしていないのでいわゆるワーカー産卵になるのだが、勝手に誰かが産卵しないように、お互いを監視し合っていて、誰かが卵を産むと別のアリが食べてしまうこともある。社会が不安定化すると、行動がギスギスしてしまうのはアリも一緒である。

しかしこの監視行動はすべてのアリがするわけではない。僕が観察した多くのフタフシアリは比較的のんびりとした社会が多く、産卵個体が死ぬと多くの働きアリの卵巣がふくらみ、未受精卵を産む。それはオスにしかならない卵だが、働きアリたちは甲斐甲斐しく幼虫を育て、オスアリが無事に巣立つことをサポートする。

女王アリがいなくなってしまった社会では、オスアリに自分たちの遺伝子を外に運んでもらうことが最適な戦略だからだ。働きアリたちはそのことを長い時間の経過の中で「知っている」。

我々が学ぶべき姿勢とは、やはり最適な状態とはなんだろうか？ということをきちんと「知って」、社会の仕組みとして「受け入れ」、柔軟に「対処する」ことだと思う。

そして重要なのは、最適な状態はそれぞれ違うことを理解することだ。24時間、働き詰めで働いて、たった3か月で死んでしまうハキリアリは、人間のものさしで見れば「過労死」にも見える。他方で、重要な労働である子育てもほぼせず、のんびり暮らしているムカシキノコアリや、全体のたった4%にほぼすべての労働を任せるカドフシアリは、人間の目から見れば、うらやましい反面、怠惰で向上心がないようにも見える。

繰り返すようだが、人間の認識というのは本当に雑で、柔軟性がなく、融通が利かない。

個人個人にとって何が最適な状態かを知り、受け入れることは何より難しい。それは、この本を読んでくださっている皆さんもよくご存じだとは思う。ぜひ、今一度本書を読み直し、学んでいきましょう。

コラム⑤ 研究者とはどんな職業か

協調性よりも自分のこだわり

僕が仲間とやっている「一般社団法人九州オープンユニバーシティ」のYouTubeでは、さまざまな動画を配信している。視聴してくれている子どもたちから、ときどき、「研究者」という職業についての質問をもらうことがある。研究者といっても分野や研究対象が違えば、まるで違う。僕が話せるのは僕自身とその周辺の知り合いのことだけだけれど、僕が伝えられることは素直に伝えようと思っている。

「研究者に向いている人はどういう人ですか?」という質問がよくくる。

研究ジャンルによって変わってくると思うのだけれど、一つ、確実に言えるのは「こだわりの強さ」だろう。

僕だったら「生きもの」「昆虫」「アリ」「進化」「生態」「飼育」などなど。

どうしてもこれをやりたいっていう思いが強い人のほうが、興味関心が長く続くのは間違いない。そして、自分の考えや思いを伝えたい！という欲求が強い人のほうが向いているかもしれない。いろんな人の意見を聞いて自分の考え方を変える柔軟性も必要だけれど、核になる部分はブない、そんな強さが研究を進めるには必要なのだと思う。

だから社会性とか協調性といったキーワードは、あまり研究者にはピンとこないかもしれない。一般には知られていないであろうが、教授会とかは本当にカオスです。

議論好きな先生は前のめりで会議に参加して、些細《ささい》なことでも声を大にしてガァガァと捲《まく》し立てる。とにかく議論が長い。かと思えば、半分くらいの先生方は辞書とか論文とかパソコンを持ち込んでめちゃくちゃ集中しながら作業をしている。学生に内職するな、とはとても言えない。しかし、そんな先生方がフッと顔を上げて、これまで膠着《こうちゃく》していた議論にクールに意見を出すと、滑らかに議案が進行することも多々あった。侮れない。

そんな猛者ばかりの教授会を仕切るにはかなりの手腕が必要で、ひとたび荒れてしまえば、それはもう大変なことになる。一度、興奮しすぎて心筋梗塞を起こしてしまった先生を直に見たこともあるくらいだ（その先生は軽症でしたので、無事短期間で退院されてます）。

幼い頃のエピソードを聞いても、とにかく自己主張が激しいものばかりでびっくりしてしまう。

国立環境研究所の五箇公一《ごかこういち》氏。見た目は落ち目のパンクロッカーみたいな黒ずくめの研究者でヒアリやその他外来生物がニュースになると必ずテレビに映って、あまりのルックスに内容が頭に入らない人が続出するかなりユニークな御仁だが、五箇さんは高校生の頃からサングラスをかけて学校に通っていたらしい。「高校の先生になんにも言われなかったんですか？？」と僕が聞くと「いや、紫外線が目に悪いからってことで通してた」。

また、九州オープンユニバーシティの理事で九州大学名誉教授の矢原徹一《やはらてつかず》氏の幼少期のエピソードもぶっ飛んでいる。小学生の頃、授業中に抜け出して（それがもういけませんよね）、福岡にある糸島の川で水生昆虫を採集していて、気がつくと今宿まで辿り着いていたそうだ。距離にして15㎞！　今なら通報事案ですよ。そんなクセのある子どもたちを当時の社会は温かく受け入れてくれてたんだなぁとちょっと感動してしまう。

頭がよくないと研究者になれないのか？

子どもたちからは、「研究者は頭がよくないとなれないのですか？」という質問も多く寄せられる。

先ほどのお二人も京都大学現役合格だし、僕の周りには東大京大卒がゴロゴロいて、それはもう頭のよい人だらけだ。ただ、それは決してお勉強ができるタイプの頭のよさではない。僕の周りには、半分くらいの割合で学校の勉強はあまりできないけれどもすごい研究者という人もいる。勉強ができる、できないというような単純な指標だけで、研究者になれる、なれないは判断できない。

もちろん、頭がいいに越したことはない。頂点を極める研究者はやはりとんでもなく頭が切れる。ただ、それはごくごく例外的な存在だ。ああ、この人頭がいいな、と思っていた人の多くは、研究者への道のコスパやタイパの悪さに嫌気がさしてさっさと違う世界に飛び立ってしまう。

どちらかというと、どんくさくて周りが見えないタイプのほうが、ずっと大学に残ってグズグズと作業をし、気がついたら「研究者にしかなれない」ところに追い込まれてしまっている。そんな感じのほうがリアルかもしれない。


第1章でオーストラリアのプーチェラにアカツキアリを探しに行った話をしたが、ケアンズから飛行機で3時間移動してアデレードまで行き、そこから車で700㎞移動して、見つかるかどうかわからないアリに会いに行く――なんてことは、コスパやタイパを重視する人にとっては、「無駄」「非効率」以外の何ものでもないだろう。

でも、僕たちにとってはそれだけの時間とお金を労力かけてでも、一匹のアリに出会うことは価値がある。

研究者はタフでなければ

あと研究者に必要な能力をあげるとしたら、長時間、座っていられる、長時間歩いていられる「体力」、単純作業を続けられる「忍耐力」、そして精神的な強さだろう。僕自身、ここまでそれなりの実績を積んでこられたのは、まさに忍耐力が秀でていたからだと思う。

というか、耐えているという感覚もあまりないかもしれない。1日10時間観察とか、熱帯雨林のトレイルを25㎞くらい歩き回って、アリを見つけたらかがんで採集（スクワット500回くらい）したり、ヒアリに70回以上も刺されたり、1か月以上かけてたった1ファイルの音声データをコツコツ解析したり……。

こうした地道な作業は、耐えられない人には拷問レベルだろうが、僕はさほど苦にはならない。むしろ、精神的ダメージが大きいのは、社会性を求められる時だ。昔であれば、教授からの電話。怖すぎて出られない！ 今だとメール。一回塩漬けにしたメールは数か月寝かしてしまう。とてもじゃないが、社会生活には向かない。しかし、研究のためには避けては通れない。精神的にも肉体的にもタフでなければ、研究者はやっていられないのだ。

研究者の精神的な強さを感じるのは、SNS上で議論がヒートアップしている様子を横目で眺める時だ。「炎上」と言うけれど、研究者同士の議論に比べれば、なんていうか、ネコのじゃれ合い、イヌの甘噛みのようなものだ。自分の専門分野に関しては、燃え盛る炎の中でも自説を曲げず、相手に向かっていく。そんな胆力を研究者はみな、持ち合わせている。

少し背伸びをしてみよう

「研究者になるにはどんな勉強をしたらいいですか？」という質問に対しては、まずは興味関心があることを見つけることだとアドバイスしたい。その見つけ方はいくつかあるけれど、まずは、自分の「得意」について知っておくといいと思う。

たとえば前述の矢原氏は、中学生の頃から福岡市の植物愛好会に所属して、そこで大人たちに混じっていろんな植物の勉強をしていたそうだ。中学在学中にかなりの数の植物を見分けられることで評判になり、ある日警察の方がやってきて「矢原くん、この植物のタネがとある泥棒のズボンから見つかったのだが、何かわかるかな？」と相談されたそうだ。名探偵コナンか！

大人に混じって、背伸びをして勉強をしてみる。研究者になるための大事な方法かもしれない。

僕自身はそこまで社交性が高くなくて、大人に混じって勉強することはなかった。どちらかというと本や百科事典をずっと読んでいることに果てしない喜びを感じていた。

小学校高学年から中学にかけては、図書室にあるありとあらゆるジャンルの本を読んだ。それこそ、丸山眞男《まるやままさお》や西田幾多郎《にしだきたろう》のような哲学書から、世界文学、進化論の本などなど。そういったことはやはりちょっとした背伸びだと思う。全部わかるわけはないが、その背伸びをする感覚はとても大事なんだろうと思っている。

無駄になるかもしれないような知的好奇心を捨てることなく、大事に自分の心の中で育んでいく。僕が子どもの頃から今に至るまでやっていることはそれかもしれない。

第6章　アリ研究者、宇宙を目指す

僕が宇宙を目指す理由

２０２３年12月23日、ＮＡＳＡ（アメリカ航空宇宙局）が、アルテミス計画の概要を発表し、その中で日本人宇宙飛行士を少なくとも２名、月面活動に参加させる意向を表明した。現時点で確定ではないけれど、その最有力候補とされているのが、２０２２年２月、ＪＡＸＡ（宇宙航空研究開発機構）が14年ぶりに選抜した新人宇宙飛行士の一人、米田あゆさんだ。

実は、この米田さんと諏訪理さんが選抜されたＪＡＸＡの宇宙飛行士選抜試験に僕も参加していた。結論から言うと、０次試験で落ちてしまったのだけれど、まだ宇宙への夢はあきらめてはいない。

前著『アリ語で寝言を言いました』のあとがきでいみじくも「宇宙に活路を見出《みいだ》しても生態系という枠組みからは離れられない」と書いた1年後に、宇宙飛行士試験に挑戦していたのだから、いったいどういうことなのか、きちんと説明しなければならないだろう。

まず、アリの研究をしている僕が、なぜ宇宙飛行士の試験を受けたのか？

きっかけは30年以上前にさかのぼる。

当時、北海道大学の大学院生だった僕は、指導教官の東正剛先生とパナマにいた。2か月以上の長丁場の調査。ハードな昼間の調査の疲れを癒やす目的もあり、夜はリラックスしながら、東先生といろいろな話をした。

ある時、「東先生はどうしてアリもいないのに南極観測隊に応募したんですか？」と僕は好奇心から質問した。

東先生は1988年から1989年の第30次南極観測隊夏隊員として動物調査を担当していたのだ。

東先生は、「ん？　アリがいない？　わかってないなぁ、村上は。南極の英語の綴《つづ》りを知ってるか？　Antarcticaだろ？　よく見てみろ、名前にアリ――antが入ってるじゃないか」

「……（ダジャレで南極観測隊に応募するヒトを僕は師匠にしてしまったのか）」

あまりの理由に30数年前の僕は度肝を抜かれた。

しかし、何かにチャレンジをする時の理由なんて、そんなものでいいのかもしれない。結果として、その時の調査で、東先生は南極大陸の土壌からクマムシを発見。その寒冷地耐性の研究を進展させたのだ。

そのパナマの夜から8年後――。

東研究室に「クマムシを研究したい」と入ってきたのが、現在、「クマムシ博士」として知られる堀川大樹博士（現・慶應義塾大学特任講師）だ。彼は情熱を燃やし、とんでもない熱量でクマムシの研究に邁進《まいしん》した結果、ついにはNASAの特別研究員として2年間、アメリカのカリフォルニア州モフェットフィールドにある「エイムズ研究センター」でクマムシの宇宙空間での耐性に関する研究をするに至った。

その話を聞いた時もまた度肝を抜かれた。

「……（クマムシの研究でNASAに行けるんだ）」

この2人の強烈なエピソードが、さまざまなところで、僕のチャレンジを後押ししてくれている。

実を言うと2008年にあったNASAの宇宙飛行士募集でも、チャレンジを検討した。しかし、条件をよくよく見ると「医師・パイロット」を重視しているようだったので、断念したのだ。

そして2021年2月、13年ぶりの宇宙飛行士の募集。今回の条件は、世界的に見ても稀なほど間口が広い。3年間の実務経験があれば（つまり、学歴や職能に制限がない）、誰でも応募ができる。

これはチャレンジするしかない。

新型コロナウイルス感染拡大だろうがなんだろうが、チャレンジしたい心を閉ざすことはできない。

こうして、2021年の2月から宇宙飛行士試験に向けて、僕の挑戦がはじまった。

宇宙で何をしたいのか？

繰り返しになるが、僕は宇宙に新たに生態系を作りたいなどと、まったく思っていない。

宇宙から生命が来たとか、そういった類いの話もまったく興味がない。

純粋に、生物が通常とは異なる状況に置かれた時、特に社会を持った生物がどのような反応、行動、適応を示すのかを知りたい。ここが宇宙への興味の出発点である。

僕は30年間、ずっとアリの研究をしてきた。高度な社会を作るアリがどのようにしてお互いの利害を調整しながら、利他的な行動を維持し、進化させてきたかに焦点を当ててきた。

たとえば、カドフシアリというアリは、寒冷地や標高の高いところでは翅を持たない省エネ型の女王アリを産出するのだが、女王アリは元の巣で交尾し、越冬後に働きアリを引き連れて巣分かれする。その際に、いったい何個体の働きアリがついていくのかを突き止めたりしてきた（答えは約3個体。本当に最小限の個体だけ引き連れて行く）。

このような緻密な社会性を維持するためには、アリ同士が密接にコミュニケーションを取らないといけない。これまでは、フェロモンなどの化学物質を使って情報を共有しているとされてきた。

しかし、アリの音声コミュニケーションの研究を進めるうちに、音がアリのコミュニケーションにおいて重要であることがわかった。そして、社会が複雑になればなるほどおしゃべりになる。

また、アリのおしゃべりは、振動が地面を伝わって、脚にある耳で感知する。
このアリたちを、宇宙空間に連れて行ったらどうなるのか？
単純だが、興味深い疑問を出発点に、次から次へと疑問が湧いてくる。
無重力状態で、フェロモン分泌はどう変化する？
音の伝わり方が違うとコミュニケーションは変化するのだろうか？
キノコアリの進化段階によって行動や適応に差は出るのか？

これは実際に行ってみるしかない！（僕もアリも）

そう。別に僕自身が宇宙に行きたいわけではない。なんなら、僕は行かなくてもいい。
ただ、アリたちを宇宙に連れて行ってあげたいのだ。

どんな動物が宇宙に行っているのか？

ショウジョウバエ、ネコ、犬、サル、アフリカツメガエルなど、これまでも、さまざまな生きものが、宇宙に行っている。

世界で初めて宇宙空間に出て行った生物はアメリカが1947年に打ち上げたV2ロケットに乗せられたミバエである。最高到達高度100kmにまで到達し、ちゃんと生還できたという。

哺乳類では1949年、同じくアメリカのV2ロケットに乗せられたアカゲザルが初となるが、これは地球に生きて戻ってくることはできなかった。

生きて戻ってこられた最初の哺乳類はハツカネズミで、1950年のことだ。ここまではアメリカの独壇場であったが、その後、有名なライカ犬を乗せたスプートニク2号(地球には帰還できず)をはじめ、ソビエト連邦がアメリカを追い抜く勢いで宇宙開発を進めた。

1950年代、60年代はアメリカ、ソ連、フランス、中国、アルゼンチンが繊毛虫、昆虫、魚類、両生類、爬虫類、哺乳類まで非常に熱心に宇宙空間での生物の応答を調査・研究していた。

しかしながら、フランスは1967年、中国は1966年、アルゼンチンは1970年を最後に、そのような取り組みをやめてしまっている。1980年代以降はそのほとんどがアメリカとソ連（その後のロシア）および中国（＋北朝鮮）での実験に集約されている。

宇宙空間でも死なないクマムシ

「宇宙生物学（Astrobiology）」は今後、さらに注目を集めるはずだ。現在、僕が非常に深く興味を寄せている宇宙動物研究を紹介したいと思う。

一つはやはり、後輩・堀川博士が行っているクマムシの研究だ。「地上最強の多細胞生物」とも言われるクマムシ。地球上での研究でも、超絶過酷な環境でも耐えられることがわかっている。

ただ通常はコケの中などに生息し、カサカサと動き回っていて、そこまで極限環境に適応できる生物ではない。しかし「休眠状態」になることで、体の水分を極端に低下させ、「樽《たる》構造」と呼ばれる形態に変化する。こうなると、82・7℃で1時間という高温でも、マイナス273℃という絶対零度の低温でも、7・5GPaという超高圧でも生き続ける。紫外線、アルコール、放射線、電子レンジでも死なない。地上最強の多細胞生物になるのだ。

そんなクマムシを宇宙空間に連れて行ったらどうなるのか？

２００７年欧州宇宙機関の打ち上げた無人飛行船「衛星フォトン３」（ロシア製）に、クマムシ（*Milnesium tandigradum*など３種）が乗せられた。高度約２２０㎞の低軌道宇宙空間に、無防備な状態で晒《さら》してどうなるのかを観察したのだ。

宇宙空間での実験結果は衝撃的なものだった。何も操作していない、まさに宇宙空間に10日間クマムシを放置したところ、それでも生き残った個体が存在したのだ。また、紫外線のみカットした真空状態であれば、地上とほぼ同じ生存率という驚異的なデータが得られた。

その後のゲノム研究から、クマムシの遺伝子にはほかの生物には見られないオリジナルのものが発見された。たとえば、細胞を乾燥から守る機能を持つ遺伝子などが多数見つかったのだ。また、抗酸化機能に関連した遺伝子は重複が生じており、機能の多様化が推定できる。

宇宙空間でも生き延びることができるクマムシ。その研究を推進してきた堀川博士は、さまざまな極限環境でのクマムシの適応を研究するだけではなく、実験動物としてのクマムシを安定的に飼育するシステムも確立した。その肝となるのが日本のクロレラだ、と聞かされてびっくりしてしまった。今後も、クマムシと宇宙生物研究から目が離せない。

宇宙空間でのプラナリアの再生

もう一つ、宇宙動物研究として注目しておきたいのがプラナリアだ。頭が矢印みたいな形をした水生動物で、扁形《へんけい》動物に属している。平べったい、長さが１～２cmの比較的単純な構造をした動物群だ。プラナリアの特徴は、切っても切っても再生してくるところにある。

遺伝学の父とも呼ばれるモーガンはプラナリアをどれくらい小さく切れるかに挑戦して２７９断片（！）まで小さく切り刻み、それらが再生したことを確認している。これは記録に残る中では最多の１個体切断再生実験だ。

僕が注目している宇宙プラナリア研究は２０１５年１月10日にケネディ宇宙センター

宇宙空間でのプラナリアの再生

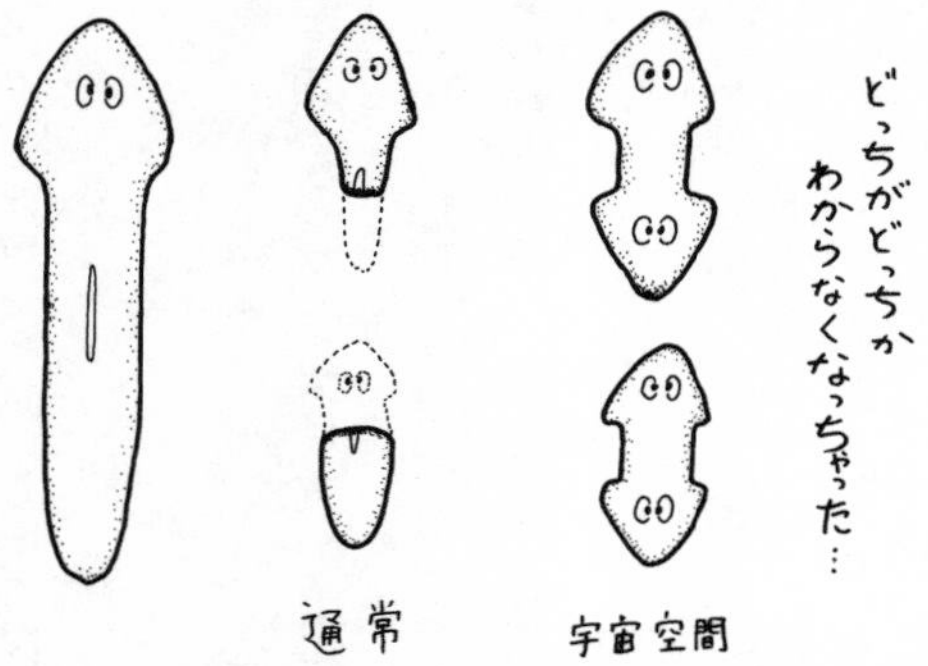
どっちがどっちか
わからなくなっちゃった…
通常
宇宙空間

から打ち上げられたSpace X Falcon 9ロケットに積まれた33個体+15断片のプラナリアたちだ。32日間ISS（国際宇宙ステーション）に滞在したのち、地上に戻ってきた。

単に生還しただけではない。なんと、両方から頭を再生した個体があったのだ。

プラナリアの頭と尾部を切除して胴体だけにすると、通常、頭があったところからは頭が、尻尾があったところからは尻尾が再生してくる。

しかし、宇宙プラナリアは両方から頭が再生した。

この研究を行った研究者は5年間で1万5000個体のプラナリアを再生させてきたけれども、こんなパターンの個体は見たことがないと語っている。

ちなみに僕もプラナリアを10年近く飼育・再生してきたが、両方から頭が再生した個体は見たことがない。それがたった15個体（断片）から出てきたというから驚く。

プラナリアは切断されると「再生芽」という細胞集団を作る。その再生芽は、失われた部分の「番地」を埋めるように順番通りに正しく作り出す。しかし、宇宙空間では重力の違いにより、体の「番地」が変化してしまったため、尻尾が生えるべき部分から頭が生えたのだと考えられている。

残念ながら、ＩＳＳ内で何かしらの実験をしたわけではないので、それ以上の知見は得られていない。今後、宇宙空間でのプラナリアの再生パターン研究が進むことを期待されている。

僕が研究をしているアリや同じく真社会性昆虫のハチは、宇宙に行ったことがあるのだろうか？

２例報告があり、そのうちの一つがシワアリの仲間（*Tetramorium caespitum*）だ。このアリは世界的に見ても最普通種でどこにでもいるアリだ。２０１４年1月にＩＳＳ内で行動観察実験が行われた。その実験内容は、採餌行動の記録であった。結果としては、エサを探し集める経路が複雑になり、探索効率が低下した。しかし、働きアリ同士が迅速に接触行動をすることによって経路探索をなんとか完遂することがわかった。

ミツバチ（*Apis mellifera*）はこれまで3回、宇宙空間に行っている。どれも学生公募研究のようなかたちを取っており、きちんとした研究ではないのが残念だが、宇宙空間での生存率や巣の構築の可能性について検証されている。

このように宇宙における生物の研究は非常に盛んに行われているように見える。しかしながら、これらのデータは有名な科学雑誌には載っていない。たとえばクマムシの研究は『Journal of zoological systematics and evolutionary research』という雑誌だし、プラナリア研究は『Regeneration』という雑誌である。『Nature』や『Science』といったトップジャーナルではないし、専門誌のトップですらない。

これはなぜかというと、やはり宇宙空間での実験には制約が多く、サンプル数や実験試行回数などがどうしても見劣りしてしまうからである。

だとしたら研究者が実際に宇宙空間に滞在し、さまざまな工夫をしながら実験・観察を行うことでさらにインパクトのある研究になると確信している。

だからこそ僕は宇宙を目指すのだ。

選抜試験の内容

２０２１年の公募は、世界的に見ても例を見ないほど、門戸が開かれた募集条件なので、前回とは比べものにならないほどの規模になると予想された。

まず、特定の職種に絞っていないことは大きい。これまでは、宇宙飛行士は若干名しか募集しないため、パイロットや医師など宇宙空間で活動する上で確実に職能が活かされるプロフェッショナルに限定されていた。こうした方針は、どの国も同じだ。

しかし、今回のＪＡＸＡの公募は職業的な制限がほとんどない。これは驚くべきことだし、日本の宇宙計画が軍事や商業ベースとは異なる視点で設計されていることを物語っているだろう。このようなオリジナルの視点は非常に重要であり、もう少し評価されてもいいと思う。

前回の公募が１０００人弱だったので、３倍くらいだろうか、と踏んでいた。が、結果はそれよりもはるかに多い4127人！

そこから、どうやって選抜されるのか？

まずは「0次試験」。これがなんと6項目もある。

「書類選考（健康診断）」「英語試験」「一般教養」「小論文」「STEM試験（Science・Technology・Engineering・Mathematics）」、そして「適性試験」だ。まずはここを突破しなくてはならない。試験対策として、最初に着手したのは健康面の対策だ。50歳すぎのわりには健康体だけれど、やはり加齢による影響はそこかしこに出ている。

血液検査の「LDL（いわゆる悪玉コレステロール）」の値が基準値を少し超えていて、これを改善しないとまずい。ということで玄米&魚食に。おやつは洋菓子から和菓子に。食生活はこの3点だけを改め、量はコントロールせず、むしろ多めに摂取することを意識した。

3か月後、近くの内科で血液検査をしてもらったところ、無事、悪玉コレステロール値は基準値の真ん中まで変化して一安心。さらに2か月後の検査でも変化せずに安定していた。

そして、書類選考で示されていた「遠距離視力で1・0以上」をクリアするためにメガネを新調し、矯正視力１・２程度まで度数をアップ。

また、健康診断項目に入っていないけれど、今後必ず「歯」は問題になると考え、歯科検診。明らかな虫歯はないが、歯茎は年相応に老化している。正しい歯磨きの仕方を何回もレクチャーしてもらい、最適な歯磨きルーティンを構築。歯茎の状態を改善した。

そうこうしているうちに、応募受付がスタートする２０２１年12月20日がやってきた。ドキドキしながらサイトをチェックし、登録作業をして、申請書類に目を通す。医学診断項目をチェックすると……「座高」？「視力検査」は球面レンズ度数と円柱レンズ度数が必要だという。円柱レンズ軸ってなんだ？

血液検査項目も多い。尿検査の「亜硝酸塩」なんて項目は初めて見た。ということで、近くの内科に問い合わせたところ、「亜硝酸塩」の検査だけできない、との返事。

その後、九州大病院や福岡市内の大病院を10以上あたってみたのだが、２０２１年内に見つけることができなかった。

「年内書類提出」を目標に掲げていたのだが達成できず……。年が明けてすぐ、病院を探してようやく見つかるも、電話予約すると「10日後でなければできない」と言う。なかなか思うように進まない。これも試練の一つなのか。

検査当日、僕以外にもう一人、宇宙飛行士のための健康診断を受けに来られている方がいた。「志を同じくする者が思いがけないところで出会うなんて、『南総里見八犬伝』みたいだ」なんてことを思いながら、軽く会釈。心の中でエールを送った。お互い、がんばりましょう、と。

0次からハードな選抜試験

書類選考を無事に通過し、2022年5月8日にJAXA宇宙飛行士選抜の英語試験を受けた。ご時世もあってかオンラインでの実施で、TOEICを利用した試験だった。

僕はテキサス大学やカンザス大学に3年半以上滞在し、パナマにある研究者しか入れない島で合計1年近く滞在した経験を持つ。が、こういった英語の試験を受けたことがなかったので、なんとも勝手がわからずドキドキしてしまった。

試験は、オンラインにもかかわらずスピーキング（誰も聞いていない画面に向かって英語をしゃべるのはかなりシュール！）、リスニング、ライティングとリーディングの4項目だ。

英語試験に備え何をやったのかというと、英文の読み込みだ。ウェブで無料公開されている『National Geographic』の日本語版を自分で英訳して、英語版で採点するという作業を繰り返すことでライティング力を磨いていった。

その甲斐もあってなんとか英語は突破できたが、問題は次の試験だった。

一般教養・小論文・STEM（理系科目）・適性試験が行われたのは5月29日。すべてを1日で行う強行日程だ。さすが、宇宙飛行士選抜試験。それぞれに選抜がかかるので、おそらくはここで200名程度には絞られるはずだ。0次なのに。

試験は朝9時から夕方4時半までの長丁場だ。こちらもオンラインでの試験。画面から一定時間目線を外すとカンニング判定されてしまうので、ずっと画面を睨んでいなくてはならずなかなかハードな作業となる。キョロキョロしがちな人はつらかったと思う。また、画面から離れてしまったり、試験画面以外を開いたりしても、そこで試験が終了してしまう。

かなり厳しいチェック体制がしかれていて、試験中にトイレに行きたくなった場合、もしかするとカンニング判定される可能性もある。僕も、きちんと対策して試験開始前にはトイレに行っておいたのだが、2時間の長丁場でどうしてもおしっこに行きたくなってしまった。でも画面から外れるわけにはいかない……。

どうしよう……と一瞬、思案すると机の近くには空のペットボトル。

詳細な説明は割愛するが、これも宇宙空間での作業等を考えると必要な試練なのであろう。

2026年に向けて

残念ながら、今回のJAXA宇宙飛行士選抜試験は0次試験の最後、STEMで不合格となってしまい、そこで終了となった。

しかしながら、多くの場面で得難い体験ができた。高校生の頃には苦手だった英語が、そこそこできるようになっていたのは、海外で苦労した経験が少しは身になっているのだと実感。また、50代であっても体質は改善するし、運動機能も向上する余地があるのは大きな収穫であった。

課題としては、単純に学力が低下していたので、現在そこの部分をコツコツと積み上げている。特に数学だ。高校時代は、そこそこ得意科目だったのに、2021年12月20

日から勉強をはじめて半年では間に合わなかった。こんなにも解き方を忘れるものなのかと愕然《がくぜん》とするほどだった。

物理はほとんど勉強したことがなかったものの意外に問題集は解けて楽しかったのだが、試験のレベルが想定より難しくて、まったく解けなかったのは想定外であった。数学と物理の対策が必須である。

今後に向けて、まずはアリの音声コミュニケーションに関する論文を早々に発表できるように、着実に準備を進めていく。研究をしっかり進めて、宇宙空間でのアリ類の社会性の維持に関する研究につなげていきたい。

ＪＡＸＡは今後５年ごとに宇宙飛行士を公募すると宣言している。次回の募集は２０２６年だ。その時、僕はまだ56歳。ギリギリ挑戦できる年齢かなと思っている。そのためにも、継続して体調管理、運動機能向上、勉強、そして研究をがんばっていく所存である。

日本人宇宙飛行士は現在民間を含めると12名（前澤友作さんは除く）である。そのうち、自衛隊出身は油井亀美也さんと金井宣茂さんの2人。金井さんはお医者さんなので防衛に関わる方は油井さん一人といえる。

たとえばアメリカはこれまでに36名の宇宙飛行士が誕生していて、そのうちの30人が軍の関係者、しかも実質的に防衛にかかわっている人々だ。その割合は83・3％。日本が8・3％である。

ここに日本の宇宙開発にかける姿勢が色濃く現れている。さまざまな見方がある宇宙開発だが、日本は平和利用を前面に押し出しているということだ。ほかの国でここまで防衛関係者が少ない国はない。これはやはり素晴らしい姿勢だと僕は強く思う。

これからさらに複雑化する国際情勢を考えると、最先端の宇宙開発で日本が科学的、文化的な利活用を強く推進していることを誇りに思う。僕も、宇宙にアリを連れて行くことで、生命の謎を解く一助になれるよう、そして少しでも国際貢献できるようがんばっていきたい。

【特典音声】
ハキリアリの音を
聞くことができます。

本書の
引用文献については、
こちらをご参照ください。

あとがき

モンゴルの草原を走る

２０２３年9月、僕はモンゴルにいた。

首都・ウランバートルから車で1時間ほどの草原で開催される「モンゴル国際草原マラソン（ハーフ）」に出場するためだ。

なぜ、わざわざモンゴルのマラソン大会に出場するのか……。遡《さかのぼ》ること約半年前の、その年の2月、大学の海外実習でメキシコに行った帰りのメキシコシティ国際空港でのこと。待ち時間に、学生が居合わせたモンゴル大使館勤務の方と仲よくなっていた。

つらつら話を聞いていると、「モンゴルでは草原マラソンが開催されていて、私そこで優勝して生きた羊を贈られたんですよ！」との発言。

耳がビクッと反応した。

「なんですと⁉」横から割り込む僕。

僕はごくごく普通の市民ランナーで、優勝を狙えるとも思ったわけではないが（もっとも、優勝したところで羊を日本に連れてくることはできない）、モンゴルの草原をただひたすらに走るだけでも、ものすごい魅力的だ。誰かが馬や羊（総合優勝者は馬、海外ランナー優勝者は羊）をもらうシーンを見るだけでも十分だ。そんな面白いレース、出ないという選択肢はない。

もともと走ったり自転車を漕いだりといったトレーニングは継続していたので、粛々と続けた。21㎞のトレイルランニングで走り切れるだろうか、幾分の不安はあった。ただ、僕の本職のフィールド調査では、ひとたび調査に出れば、1日に20㎞くらい森の木々をぬいながら歩き、時には走り、地べたに這いつくばっている。基礎体力的には問題ないはずだ。

「本当に来るとは思わなかったです……」そんなモンゴル大使館二等書記官のつぶやきにもめげず、厚かましくも大使館の宿舎に泊めてもらいながら大会当日——。

まず驚いたのが、スタート地点から10㎞以上先にある折り返し地点が目視できることだ。

広い……何もない。すごい。

スタートの合図が鳴ると、モンゴル人の出場者は猛ダッシュで駆けていく。

僕はその勢いにつられないように、自分のペースで走り出す。

もちろん、足下は自作のサンダル「ワラーチ」だ。僕の脚にフィットするよう自分で作ったメキシコ山岳民族ララムリの「ワラーチ」は、ウランバートルの草原をしっかり捉えてくれた。

なんて自由で、素敵な経験をしているのだろう！と思った。

アフターコロナの社会で

今ではすっかり、遠い日の思い出のようになってしまっているが、２０２０年からはじまったコロナ禍は間違いなく人々の価値観を大きく変えた。

「リモート」「オンライン」という新しいつながり方が生まれたけれど、便利とひきかえに希薄もしくは不安定になった関係もあるだろう。

不定型化する社会において、働く人々の「会社に定年まで所属して勤め上げる」といった昭和の価値観はさらに遠のき、でもどういった働き方が、満足度が高く、安定しているのかを見定めることが難しい時代に突入してしまった。

しかし僕は、そういったゆらぎは悪いことばかりではないと思う。

もちろん、会社という組織に所属していてもいい。所属しなくてもいい。複数の組織をいくつも股にかけたっていい。

大切なのは、「こうあらねばならない」という誰かが決めた貧弱な一つの価値観に縛られることなく、自分なりの自由で持続可能な生き方を見つけること。

そんな新しい指標が求められる時代、アリはよきお手本となってくれるはずだ。

個の利他行動でたどり着く「最適解」

大量生産・大量消費によって世界全体が発展と成長を目指した20世紀型のモデルが限界にきていることは、もう疑う余地はない。しかし、それに代わる21世紀型のモデルを僕たちはまだ見つけられていない。だとしたら、アリの社会を一つの参考にしてみるのも悪くない。

もちろん、まったく別の生きものなのでアリの社会をそのまま人間社会に応用することなど不可能だ。ただ、本質的な部分で問題点を洗い出す時のぶつけがいのあるしっかりとした「壁」にアリの社会はなってくれるだろう。

アリの社会は「超個体」と呼ばれるほど全体が最適化されてはいるけれど、長いことアリを見つめてきた僕からすると、決して、「アリの1個体1個体がただのパーツであり、コントロールされて動いている」わけではないと断言できる。

アリの個体はそれぞれが適切な判断基準を持ち、それに沿って自由に動き回る。それが何万個体と集積することでいわゆる「集合知」となり、〝最適解〟に極めて近くなる、というのが実情に近い。

個々が自由に行動していることが、利他的行動となり、それが全体に集約されると最適化されていく。誰かに押し着せられたものにただ従うのではなく、自分自身の中にちゃんと決断する基準を持つ。そして、それらを粛々と積み重ねることで、社会は最適な選択にたどりつく。

「そんな社会、できっこない」

「理想にすぎない」

そう言われるかもしれない。でも、アリはそれを実現している。そのことを、本書を読んで気づいていただけると、筆者としてそれに勝る喜びはない。

人間社会は「間違える」。それもおおいに間違える。独裁者が独善的に決めたことがきっかけで戦争になり、多くの無辜《むこ》の市民が犠牲になる。だからこそ、一人の決断に物事を委ねるような社会はできる限り避けていったほうがよい。

そして、個人個人のリテラシー（物事の本質を見抜く力）を上げていくことが重要だ。なぜなら、僕たち人類はまだ、この地球上に現れてわずか20万年しかたってない。まだまだ、若いのだから、勉強が必要なのだ。

僕はアリと出会った

僕は2019年、仲間の研究者と一緒に「一般社団法人九州オープンユニバーシティ」を設立した。「持続可能な社会づくり」をさらに進めること、より広い学びの場を提供することなどを目指して作った団体だ。ただ、個人的には、「大学教員」という肩書がなくなったあとも働ける、社会に貢献できる場所を作りたいという思いもあった。

その活動の一環として、コロナ禍の夏休み、休校になり外遊びもままならなくなった子どもたちに向けて「村上先生の理科の授業」をYouTubeで配信しはじめた。それは、2023年も続いていて、登録者数は決して多いとは言えないけれど、そのぶん、かなりディープな生物好き子どもたち（や大人）が興味を持って話を聞いてくれている。

そんな無邪気な好奇心に触れていると、未来はそんなに暗くはないと思う。

一方で、「好きなことが見つからない」という悩みを持っている人もいるだろう。

でも、焦る必要はありません。

僕は、物心ついた時から生きものが大好きで、団地の脇でドロバチの巣を観察し、昆虫を採ってきては家で飼育をしていたような人間だけれど、それは、たまたま早く出会えただけです。

「好き」がどのタイミングで見つかるかは人それぞれ。

ただ、思うのは、大人（誰か）に褒められるもの、評価されることを選ぶ理由にはしないでほしい。僕はむしろ、その逆で、父親からはずっと眉をひそめられ、「役にも立たないことを」とも言われていました。でも、社会的に役に立つかはその時にはわかりません。

そして、役に立たなかったとしても、僕はずっと楽しく朗らかに生きています。それがいちばん大事なのではないでしょうか。

もう一つ、アドバイスをするとしたら、「自分には必要ない」「興味がない」「好きじゃない」「苦手」と決めてしまうのはもったいないということ。いろいろなものに接していると、何かが見つかるチャンスは増えます。そして、つまらないものの中に面白さを見つけるのも大事な作業です。

僕はたまたまアリと深く出会えました。
アリがさまざまな経験と知見とつながりを僕にくれました。
僕ができる恩返しは、こうして、「アリはすごい！」を伝えることです。

アリってやっぱり、面白いでしょ！

２０２４年2月　村上貴弘

村上貴弘（むらかみ・たかひろ）
九州大学持続可能な社会のための決断科学センター准教授。1971年、神奈川県生まれ。茨城大学理学部卒、北海道大学大学院地球環境科学研究科博士課程修了。博士（地球環境科学）。研究テーマは菌食アリの行動生態、社会性生物の社会進化など。NHK Eテレ『又吉直樹のヘウレーカ!』ほかヒアリの生態についてなどメディア出演も多い。著書に『アリ語で寝言を言いました』（扶桑社新書）、共著に『アリの社会　小さな虫の大きな知恵』（東海大学出版部）など。

構成／鈴木靖子　校正／鈴木 均
装丁・DTP／鈴木貴之　図版／岩下梨花
イラスト・写真提供／村上貴弘

扶桑社新書　490

働かないアリ　過労死するアリ
～ヒト社会が幸せになるヒント～

発行日 2024年3月1日 初版第1刷発行

著　　者………村上貴弘
発 行 者………小池英彦
発 行 所………株式会社 扶桑社
〒105-8070
東京都港区芝浦1-1-1 浜松町ビルディング
電話　03-6368-8870（編集）
03-6368-8891（郵便室）
www.fusosha.co.jp

印刷・製本………株式会社広済堂ネクスト

Printed in Japan　ISBN 978-4-594-09662-5